Lern-Detektive®
Denk- und Knobelspaß für die Grundschule

Klasse 1–4

1./2. Klasse • Seite 3–66

3./4. Klasse • Seite 67–128

Ravensburger Buchverlag

Zu diesem Heft

Komm mit auf eine spannende Entdeckungsreise und stelle dein Sachwissen unter Beweis. Mit kniffligen Knobelaufgaben, Textaufgaben und jeder Menge Rätsel machen Mathematik und Deutsch gleich doppelt so viel Spaß!

Hast du die Aufgabe richtig gelöst? Mit der 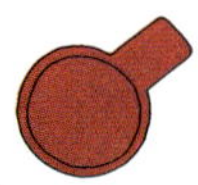 kannst du deine Ergebnisse überprüfen. Lege sie auf die roten Felder, dann werden die Lösungen sichtbar.

Wenn der Platz auf der Seite nicht ausreicht, arbeite in einem Extraheft. Am besten schreibst du mit einem Bleistift ins Heft.

Achte auf diese Bilder:

Aufgepasst: Diese Aufgaben sind etwas schwieriger.

Hier erfährst du interessante Dinge.

Mach mit! Es warten viele Ideen zum Experimentieren, Basteln und Spielen auf dich.

Inhalt – 1./2. Klasse

Im Wald

1 Schreibe unter jede Baumscheibe das Alter des Baumes.

① ~~7~~ 8 ② ~~10~~ 11 ③ ~~13~~ 14 ④ ~~14~~ 15

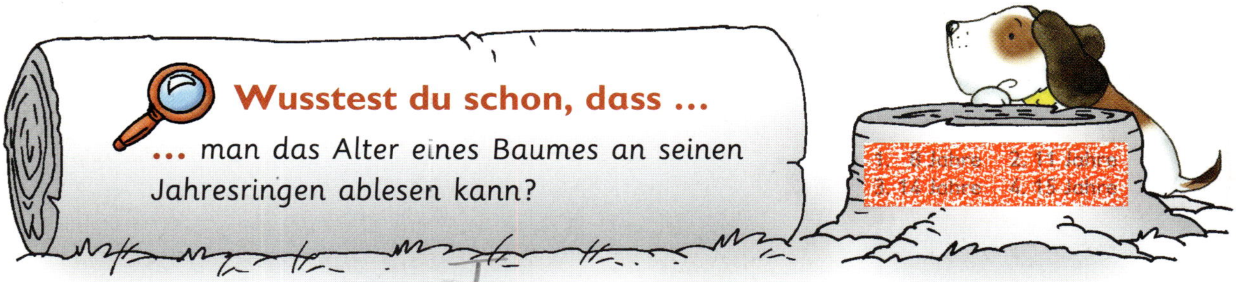

Wusstest du schon, dass …

… man das Alter eines Baumes an seinen Jahresringen ablesen kann?

2 Karlo hat 10 Stöckchen gesammelt.
Die Hälfte davon zerbricht er in zwei Teile.
Wie viele Stöckchen hat Karlo insgesamt?

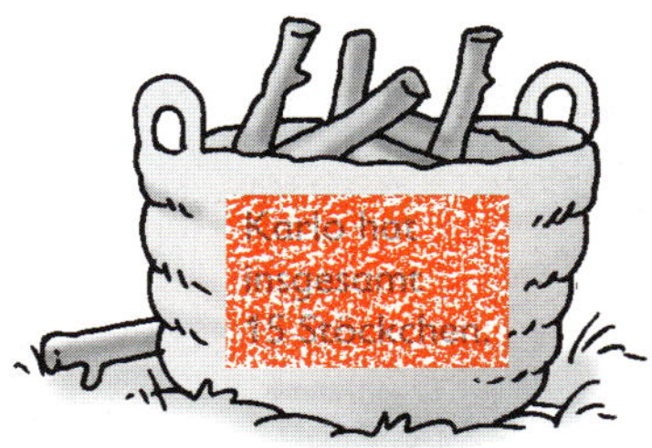

15

3 Welche Pilze findet Konfetti im Wald?

Fliegenpilz

Pfleigenpilz
Pfifferling
Steinpilz

4 Verbinde jede Frucht mit dem passenden Blatt.

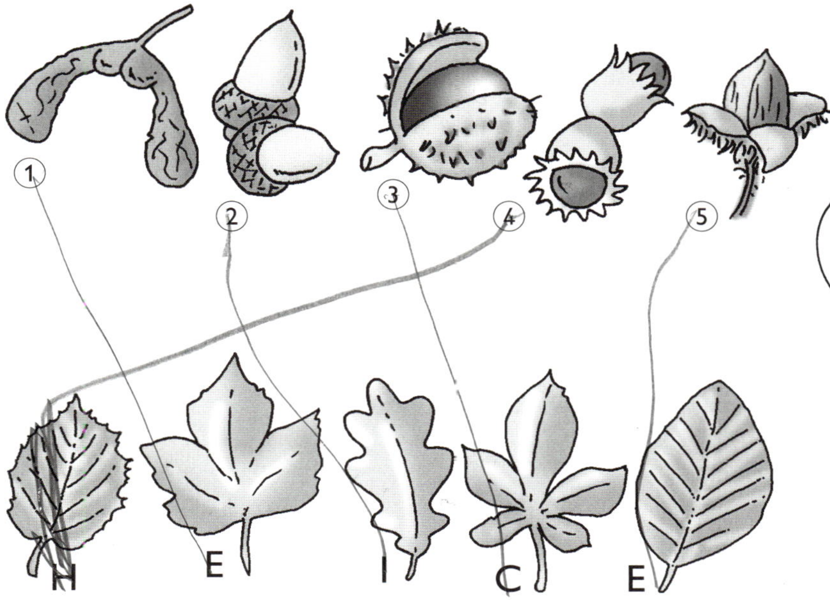

Lösungswort: ___1 ___2 ___3 ___4 ___5 EICHE

5 Das Wildschwein hat Bauchweh, weil es eine Eichel zu viel gefressen hat. Eine Zahl passt jeweils nicht. Schau genau und streiche jeweils die Eichel durch.

14 (hat keine gleichen Ziffern)

33 (ungerade Zahl)

26 (Zahl enthält keine 1)

1 Im Wald 

1 a) Kannst du die Rechenaufgaben lösen?
Tipp: Jedes Bild steht für eine Zahl. Merke sie dir gut.
Decke nun die Zahlen ab und rechne die Aufgaben.

b) Erfinde eigene Aufgaben mit den Bildern in Aufgabe a).

2 Welche Tiere und Dinge haben sich im Wald versteckt?
Finde die Namenwörter und ordne sie in die Tabelle ein.

T	B	L	A	T	T
S	F	K	B	E	E
A	U	M	A	C	U
K	C	P	U	B	L
M	H	A	M	M	E
N	S	R	E	H	U
E	I	C	H	E	L

der	die	das
BAuM	Eichel	Batt
Fuchs	EuLe	Reh

3 Im Wald gibt es an mehreren Stellen leckeres Futter.
Schau genau und zähle die Spuren des Rotkehlchens.
Wo sind die meisten Spuren?

① 7 ② 9 ③ 10

4 Im Wald hängt an einer Eiche eine Geheimbotschaft.
Kannst du die Nachricht entziffern? Schreibe sie auf.

81, 85, 83, 83, 95 / 94, 63, 73, 84, 65, 82, 82 /
105, 101, 83 / 73, 85, 63, 73, 94, 74, 95, 105!

	1	2	3	4	5
6	A	B	C	D	E
7	F	G	H	I	J
8	K	L	M	N	O
9	P	Q	R	S	T
10	U	V	W	X	Z

Kommt schnell zum Hochsitz !

KOMMT SCHNELL ZUM HOCHSITZ!

Hochsitz

5 Hier stimmt etwas nicht! Schau genau und kreise ein.

Mach mit!

► Der Förster beobachtet drei Tiere. Lies den Text genau und ergänze die Tabelle. Achte auf die richtige Reihenfolge.

1. Der Fuchs steht nicht neben dem Tier mit den vier Jungen.
2. Der Hase hat einen weißen Schwanz und kein Junges.
3. Ein Tier hat Borsten und vier Junge.
4. Das Tier mit dem roten Fell hat ein Junges dabei.
5. Ganz rechts steht das Wildschwein.

Tier	Fuchs		
Anzahl der Jungen			
Aussehen			

ein Junges rotes Fell	Hase kein Junges weißer Schwanz	Wildschwein vier Jungen Borsten

► **Blätterzauber**
Sammle Blätter und lege sie vorsichtig unter ein Blatt Papier. Halte einen Bleistift schräg und male hin und her. Aufgepasst: Das Muster des Blattes erscheint nun wie durch Zauberhand. *Tipp*: Lege ein Bestimmungsbuch an, dann kannst du die Namen der Bäume immer wieder nachschlagen.

Waldspiel (für 2 Spieler)
Ihr braucht: eine Augenbinde.
Ein Spieler verbindet sich die Augen, der andere führt ihn zu einem Baum. Der Blinde ertastet den Baum, so gut er kann, dann wird er zurückgeführt. Die Augenbinde wird abgenommen. Findet der Blinde seinen Baum?

Gehe in den Wald und sammle verschiedene Naturmaterialien wie zum Beispiel Blätter, Moos, Steine, Stöckchen oder Zweige von Nadelbäumen. Lege damit eine Fühlstraße. Schließe die Augen und gehe barfuß über deinen Weg. Spürst du den Wald?

Experiment: Schwitzende Blätter
Mit diesem Experiment kannst du herausfinden, wie über die Pflanzenblätter Wasser verdunstet. Stülpe eine Plastiktüte über einen Zweig und binde sie zu. Was beobachtest du?

In der Tüte sammelt sich der Wasserdampf als Kondenswasser.

2 Bei den Rittern

1 Kennst du dich auf der Burg aus? Trage jeweils die richtige Zahl aus dem Bild ein. Die Buchstaben in Klammern ergeben in der richtigen Reihenfolge das Lösungswort. Es verrät dir, wie das Zimmer der Burgherrin genannt wurde.

☐ Um die Burg führt eine starke Mauer mit Wehrgang. (KE)

☐ Der Bergfried ist das höchste Gebäude der Burg. (NA)

☐ Wenn es Nacht wurde oder Feinde anrückten, wurde die Zugbrücke hochgezogen. (ME)

☐ Im Burghof ist der Brunnen. Wasser war bei Belagerungen wichtig. (TE)

Lösung: KE 1 | 2 | 3 | 4 [illegible]

Wusstest du schon, dass …

… das Mittelalter die Zeit der Ritter und Burgen war? Es begann vor mehr als 1000 Jahren. Das Leben auf der Burg war im Winter nicht sehr angenehm. Stell dir vor: Nur das Zimmer der Burgherrin und die Küche waren beheizt.

2 Schau genau: Weißt du, was beim 3. Wappen fehlt? Kannst du das 4. Wappen zeichnen? [illegible]

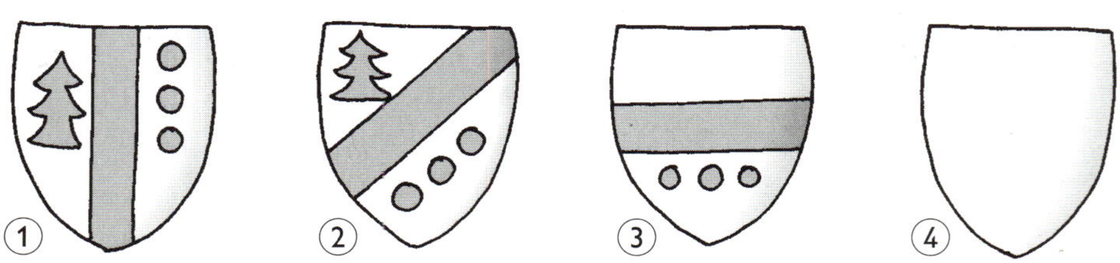

3 Konfetti hängt die Fähnchen für das Turnier auf. Hilfst du ihm? Setze die Reihen fort und erfinde auch eine eigene Reihe. *Tipp*: Achte auf den Abstand zwischen den einzelnen Zahlen.

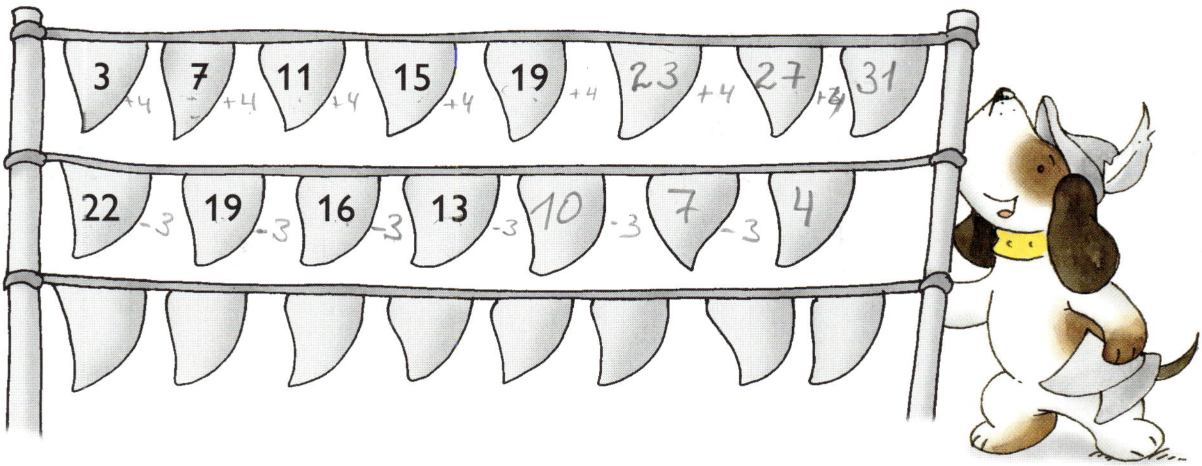

4 Das Burgfräulein hat beim Turnier seinen Handschuh verloren. Welcher Ritter hat ihn gefunden? Schreibe die Namen der Ritter unter das Bild und zeichne auf, was sie bei sich haben.

① Die Ritter heißen Siegbert, Artus und Heinrich.
② Ein Ritter ist kleiner als Siegbert und Artus.
③ Ritter Heinrich trägt einen goldenen Helm.
④ Ein Ritter ist größer als Artus.
⑤ Ein Ritter hat eine Lanze, ein Ritter hat einen Schild und ein Ritter hat den Handschuh.
⑥ Der Ritter mit dem goldenen Helm hat keine Lanze.
⑦ Der größte Ritter hat einen Schild.

Bei den Rittern

1 Ritter Kunibert besucht Ritter Hadubrand.
Lies den Text und zeichne den Weg in die Karte ein.

Lösung: Seite 52

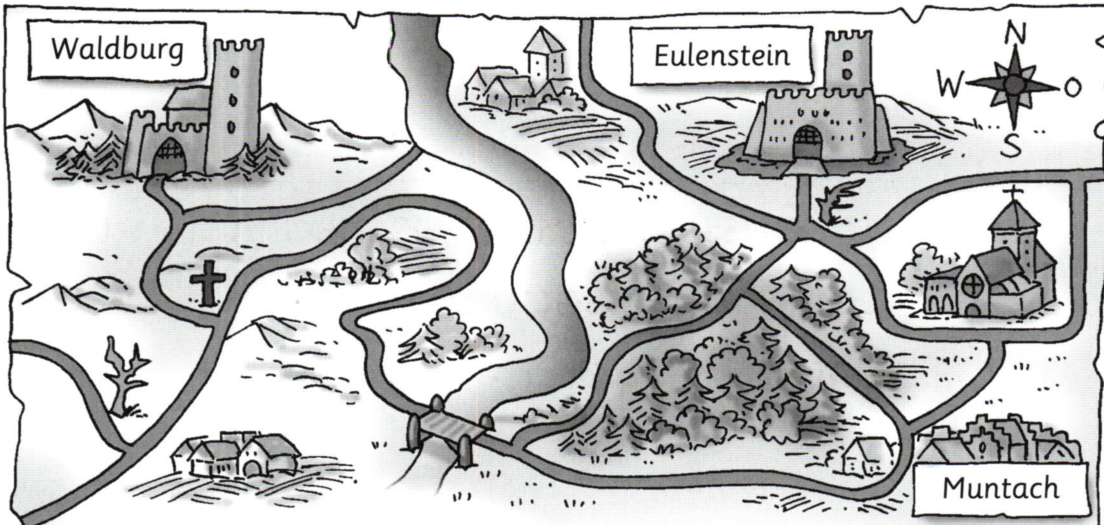

Von der Waldburg reitet Kunibert auf dem Weg nach Süden. Am Wegkreuz biegt er ab und überquert den Fluss über einen Steg. Da der Dunkelwald zu gefährlich ist, wählt er den Weg nach Muntach. Weiter geht es Richtung Nordosten. Beim Kloster muss er nach Westen abbiegen. An der nächsten Wegkreuzung weiß er nicht weiter. Als er jedoch den verwachsenen Baum entdeckt, ist er froh. Bald wird er am Ziel sein – in der Ferne erkennt er schon Burg Eulenstein.

2 Lies den Text genau.
Benenne die Ritter
nach ihrer Größe.

Kunibert ist größer als Artus.
Götz ist kleiner als Artus.
Edelbert ist der Kleinste.

Von klein nach groß:
Edelbert, Götz, Artus, Kunibert

3 a) Jungfer Kunigunde wurde entführt. Sie kann Kunibert eine Nachricht hinterlassen. Kannst du sie lesen?
Tipp: Die Buchstaben sind um eine Stelle im Alphabet verschoben.

A	B	C	D	E	F	G	H	I	J	K	L	M	N	O	P	Q	R	S	T	U	V	W	X	Y	Z
B	C	D	E	F	G	H	I	J	K	L	M	N	O	P	Q	R	S	T	U	V	W	X	Y	Z	A

KHDADQ QHSSDQ JTMHADQS, HBG AHM HL
STQL CDQ ATQF RBGQDBJDMRSDHM:
AHSSD QDSSD LHBG! CDHMD JTMHFTMCD

LIE

[redacted]

b) Verschlüssele selbst einen Brief in Geheimschrift.

4 Ritter Kunibert kann Jungfer Kunigunde befreien und darf sich zum Dank so viele Silberbarren nehmen, wie er mitsamt seiner Rüstung wiegt. Insgesamt bekommt er 100 Silberbarren. Kunibert wiegt 60 Silberbarren mehr als seine Rüstung. Überlege genau: Wie schwer ist Kuniberts Rüstung?

Kunibert: ______ Silberbarren [redacted]

Rüstung: ______ Silberbarren [redacted]

Mach mit!

► Hebe die Schwerter in der Reihenfolge auf, wie sie übereinanderliegen. Beginne mit dem obersten. Trage die passenden Buchstaben nacheinander ein.

Lösung: T 1 u 2 N 3 i 4 e 5 r 6 r 7

► **Ein Ritterwappen gestalten**

Gestalte dein eigenes Ritterwappen.
Tipp: Im Mittelalter wurden für Wappen meist die Farben Rot, Blau, Grün und Schwarz verwendet. In der Mitte war oft ein Tier abgebildet.
Überlege: Welches Tier passt zu dir?

► In der Ritterzeit gab es noch keine Lineale und Meterstäbe. Zum Messen verwendete man verschiedene Körpermaße:

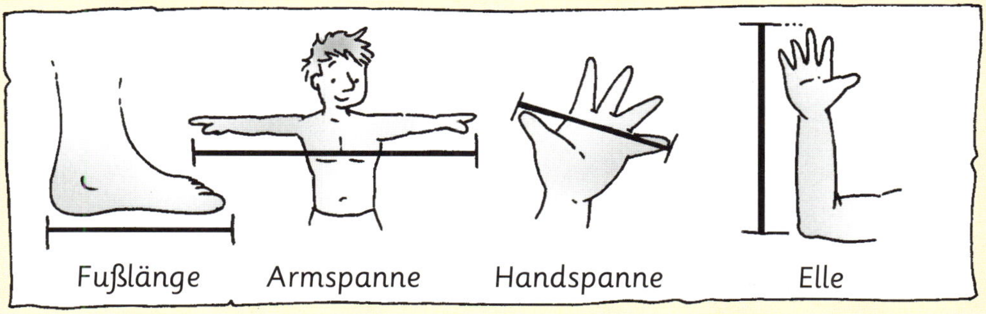

Versuche selbst einmal mit deinen Körpermaßen zu messen.

Länge deines Zimmers	20	Fußlängen
Breite deines Betts	3/4	Armspannen
Breite deiner Zimmertür	5	Handspannen
Länge deines Schreibtischs	3	Ellen

Welche Dinge könntest du noch messen?

► **Burgenspiel** (für 2 und mehr Spieler)
Du brauchst: leere Konservendosen, weiche Bälle.

Baut aus mehreren Dosen eine Burg auf. Einer von euch muss die Burg verteidigen, die anderen stehen im Kreis um die Burg und werfen mit Bällen. Wer schafft es, die Angriffe auf die Burg abzuwehren?

3 Rund ums Wetter

1 Karlo sucht den Schatz am Ende des Regenbogens.
Hilf ihm und finde heraus, weshalb es dort so glitzert.
Folge den Wetterzeichen und ergänze das Lösungswort.

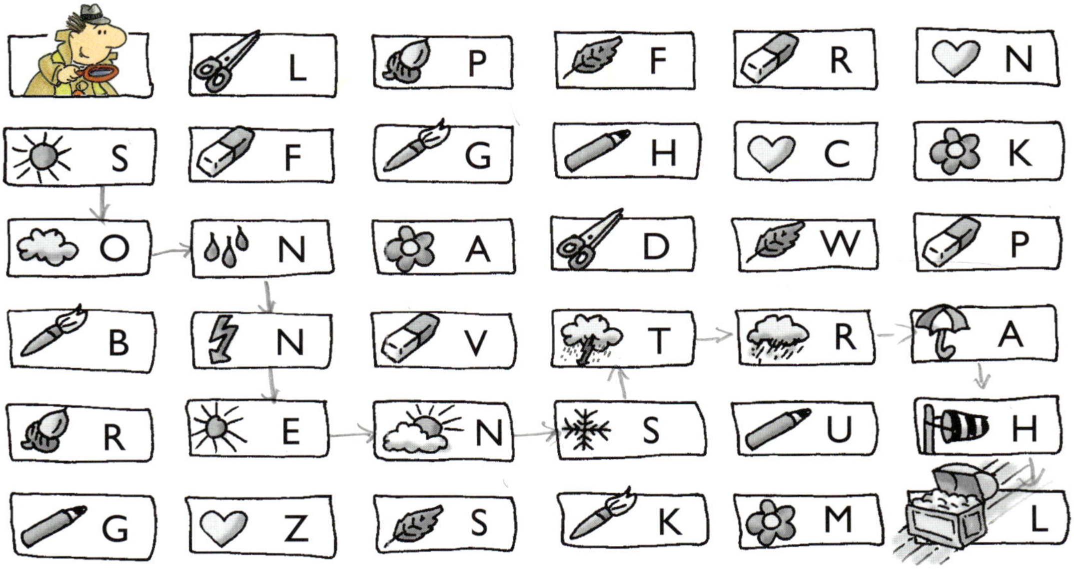

Lösung: S O N N E N S T R A H L

Wusstest du schon, dass …

… das Sonnenlicht aus sechs Farben besteht: Rot, Orange, Gelb, Grün, Blau und Violett? Wenn es regnet und gleichzeitig die Sonne scheint, spalten die Wassertropfen das Sonnenlicht in seine sechs Farben: Es entsteht ein Regenbogen.

2 Weißt du, welche Wörter hier gemeint sind? Die Zahl gibt an, wo der Buchstabe im Wort steht. Beispiel: 1 = 1. Buchstabe.

MUND  1 = W 2 = I

Stühle  1, 2 = M

Betten 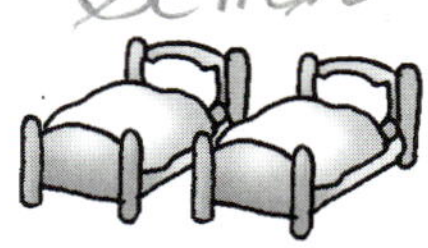 1 = W 6 = R

Zahn  Z = H

WINDMÜHLE

WETTERHAHN

3) Lies dir den Wetterbericht genau durch und kreuze an, wie warm es jeweils ist. Jede Zahl darf nur einmal angekreuzt werden. Wie viel Grad sind es am Freitag?

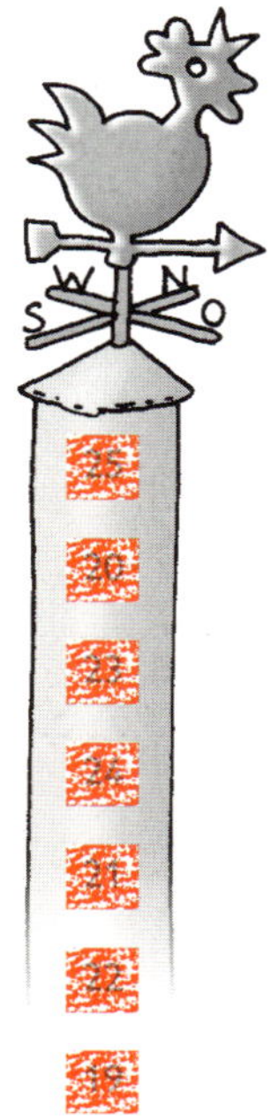

Grad	19°	20°	21°	22°	23°	24°	25°
Montag							
Dienstag							
Mittwoch							
Donnerstag							
Freitag							
Samstag							
Sonntag							

1. Am Montag ist es am wärmsten.
2. Der Mittwoch ist um 2 °C kälter als der Montag.
3. Am Sonntag ist es am kühlsten.
4. Der Donnerstag ist am zweitwärmsten.
5. Am Dienstag ist es 1 °C wärmer als am Sonntag.
6. Am Samstag liegt die Temperatur genau in der Mitte.

4) **Wetter-Silben-Sudoku**

Jede Silbe darf waagrecht (→) und senkrecht (↓) nur einmal pro Zeile erscheinen. Aufgepasst: Auch in jedem der vier Vierecke darf jede Silbe nur einmal vorkommen:

RE GEN WOL KE

KE	RE	GEN	
	KE		
WOL		KE	RE

Rund ums Wetter

1 Konfetti lässt bei Sturm Drachen steigen. Dabei sind einige Zahlen weggeweht. Trage die fehlenden Zahlen ein. Überlege dir anschließend auch eigene Zahlendrachen.

2 Trage die Wörter in das Kreuzworträtsel ein. Achte dabei auf die Anzahl der Buchstaben. Die blauen Kästchen ergeben ein Lösungswort.

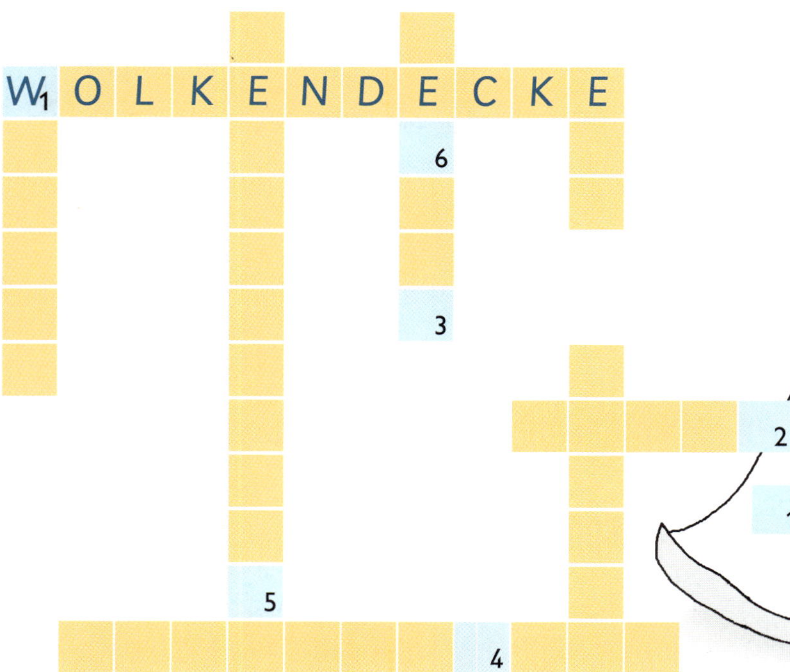

Eis
Sonne
Sommer
Winter
Herbst
~~Wolkendecke~~
Schneesturm
Regentropfen

1	2	3	4	5	6

3 Wetterexperte Karlo berichtet.
Lies die Wörter ohne das *x* und
setze sie passend in den Text ein.

Ein ______________________________

namens ___________________________

zieht über _________________________.

Es kann stürmisch werden.

Exuxrxoxpxax   Uxnxwxextxtxexrx   Axlxbxexrxtx

4 Wie wird das Wetter morgen?
Schau dir das Bild genau an und
schreibe dazu in wenigen Sätzen
einen Wetterbericht.

5 Löse das Wolkenrätsel. Zähle dabei immer die zwei Zahlen
nebeneinander zusammen. Schreibe das Ergebnis darüber.
Überlege dir anschließend auch eigene Wolkentürme.

Mach mit!

► **Regenbogenzauber**

Du kannst selbst einen Regenbogen erzeugen.

Du brauchst: einen (Taschen-)Spiegel, eine Schüssel mit Wasser.

Suche einen sonnigen Platz und fülle die Schüssel so hoch mit Wasser, dass der Spiegel zur Hälfte im Wasser steht.

Stelle Spiegel und Wasser nun so, dass das Sonnenlicht im Spiegel reflektiert wird. Mit etwas Glück erscheint an der gegenüberliegenden Wand ein Regenbogen.

► Das Wetter auf der Erde ist überall anders. Nimm die Tageszeitung und suche die Seite mit dem Wetterbericht. Schreibe von fünf Städten die Temperatur auf.

Stadt	Temperatur

► Setze die Reihen fort.
Überlege dir auch eine eigene Reihe.

1. 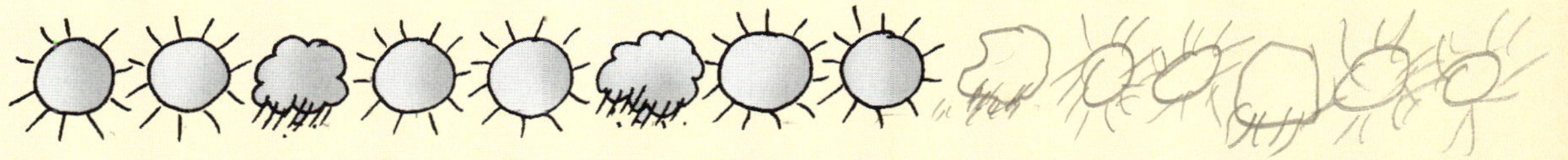

2. 

3. 

4. 

► **Experiment: Der Wasserkreislauf**

Weißt du, wie der Wasserkreislauf funktioniert? Mit diesem Experiment kannst du ihn nachstellen. Lass dir dabei von einem Erwachsenen helfen.

> Du brauchst:
> Wasserkocher oder
> Topf mit Deckel,
> Plastikflasche
> (gefüllt mit Eiswürfeln).

Erhitze das Wasser und öffne vorsichtig den Deckel. Was beobachtest du?

____

____

Halte von oben die Plastikflasche über den Dampf, ohne dich zu verbrennen. Was stellst du fest?

____

____

Wilde Tiere

1 Ordne die Tiere ihren Heimatkontinenten zu und verbinde.

1. Steinbock

2. Pinguin

3. Känguru

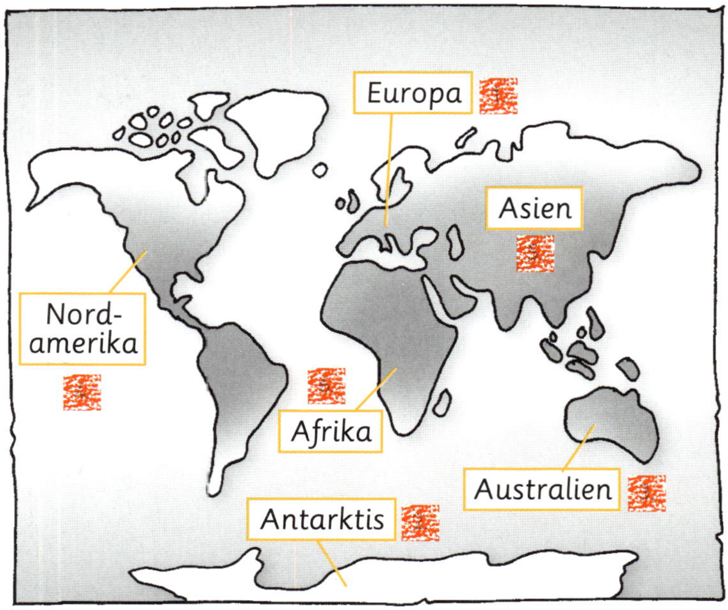

4. Büffel

5. Tiger

6. Löwe

2 Welches Kind hat welches Lieblingstier?
Lies genau und kreuze an.

	Löwe	Giraffe	Elefant	Gazelle
Lena				
Marie				
Nico				
Robin				

1. Lenas Lieblingstier hat einen langen Hals.
2. Maries Lieblingstier würde Nicos Lieblingstier gerne fressen.
3. Robins Lieblingstier ist größer als das von Nico.

3 Setze die Wortreihe fort. Der letzte Buchstabe des Wortes gibt jeweils den Anfangsbuchstaben des gesuchten Tieres an.

Beispiel: Nilpferd – Delfin …

Kamel –

Kamel – Lama – Affe – Elefant – Tiger – Reh – Heuschrecke

Wusstest du schon, dass …

… Afrikanische Elefanten größere Ohren haben als Indische Elefanten?

4 Setze die Zahlenreihen in den Lianen fort. Denke dir auch eigene Reihen aus.

Links: 28, 33, 38 (jeweils + 5)
Mitte: 16, 22, 29 (+ 1, + 2, … + 7)

Wilde Tiere

1 Welcher Schwanz gehört zu welchem Tier? Verbinde.

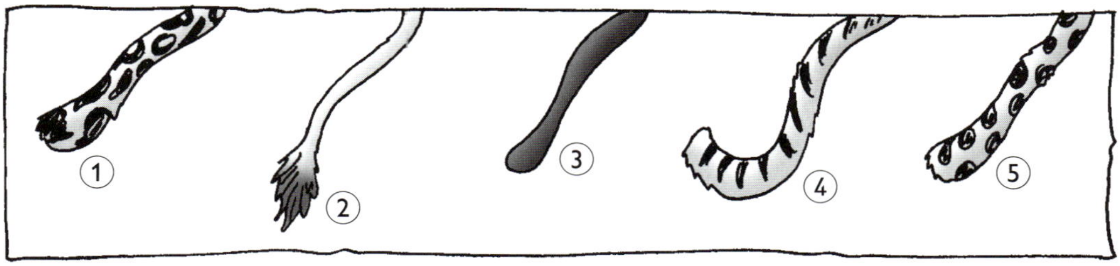

Löwe   Tiger   Gepard   Leopard   Panther

2 Der Wildhüter besucht das Wasserloch der Flamingos und Nilpferde. Er zählt insgesamt 20 Beine. Überlege: Wie viele Flamingos und Nilpferde stehen am Loch? Aufgepasst: Es sind mehrere Antworten möglich.

Flamingos	Nilpferde
2	4

3 Welches Fellstück gehört zu welchem Zebra? Verbinde.

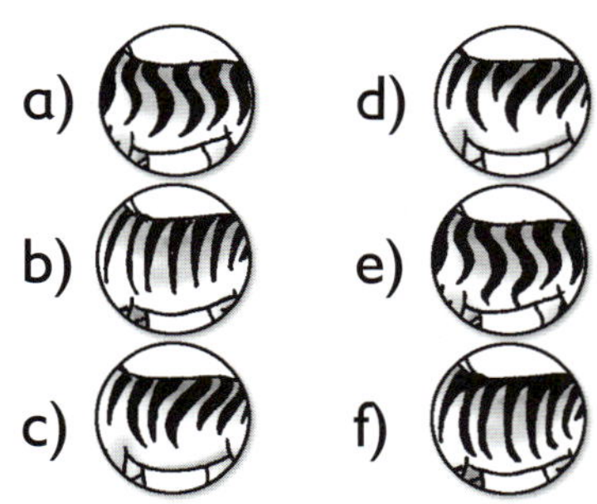

4 Ergänze die Tiere. Achte dabei auf die Spiegelachse.

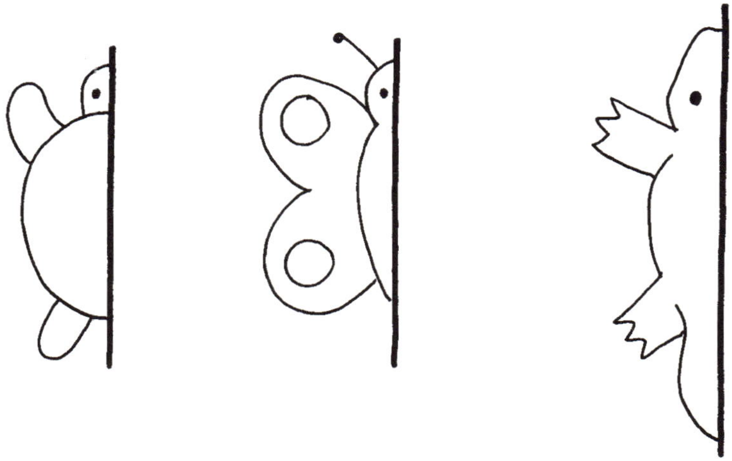

5 a) Kannst du den Zungenbrecher dreimal hintereinander schnell und fehlerfrei sagen?

b) Erfinde auch eigene Zungenbrecher und schreibe sie auf.

Zwei zickige
Zebras zetern
zwischen zehn
zahmen Ziegen.

---

6 Setze die Zahlen so ein, dass sich in jeder waagrechten (→) und senkrechten (↓) Reihe die Summe 10 ergibt.

		4
	2	
6	3	

Mach mit!

► **Bunte Tiermasken**
Mit etwas Fantasie kannst du deine eigene Tiermaske basteln.
Du brauchst: Tonpapier, Buntstifte, Gummiband und deine Schere.

Zeichne auf das Tonpapier ein Tiergesicht und male es in den passenden Farben an. Wenn du magst, kannst du deine Maske mit Federn oder Wollresten verzieren. Befestige nun das Gummiband beidseitig und ziehe dir die Maske über das Gesicht.

► Tierexperten aufgepasst: Ein Tier passt jeweils nicht dazu. Weißt du warum? Begründe deine Meinung.

Lustige Schattentiere

Du brauchst: eine Tisch- oder Stehlampe, freie Wand.

Schalte eine Tisch- oder Stehlampe ein und richte sie auf eine freie Wand. Dunkle dann den Raum ab und spiele mit deinen Händen zwischen Lampe und Wand. Wenn du den geeigneten Abstand gefunden hast, kannst du lustige Schattentiere an die Wand werfen. Fallen dir noch mehr ein?

Hier sind neun Tiere versteckt. Schreibe ihre Namen auf.

Eidechse, Giraffe, Löwe, Elefant, Affe, Schlange, Bär, Schildkröte, Känguru

Wasser 

1 Auf dem Meeresboden leben viele verschiedene Krebse.
Wer lebt wie lange in seiner Muschel: 5, 6, 7 oder 8 Jahre?

	5	6	7	8
Mona				
Thilo				
Tim				
Anna				

① Tim lebt am längsten in seiner Muschel.
② Thilo lebt nicht 7 Jahre in seiner Muschel.
③ Mona lebt am kürzesten in ihrer Muschel.

2 Was sieht die Wasserschlange auf dem Meeresboden?
Schreibe die Wörter der Reihe nach in die Kästchen.
Das Lösungswort sagt dir, was nicht ins Meer gehört.

1. A ☐ ☐ ☐ ☐ (Kästchen 2: 3)
2. ☐ ☐ ☐ ☐ ☐ ☐ (Kästchen 1: 1)
3. ☐ ☐ ☐ ☐ ☐
4. ☐ ☐ ☐ ☐ (Kästchen 2: 2)
5. ☐ ☐ ☐ ☐ ☐
6. ☐ ☐ ☐ ☐ ☐ ☐ (Kästchen 2: 4)

Lösung: ☐ ☐ ☐ ☐ (1 2 3 4)

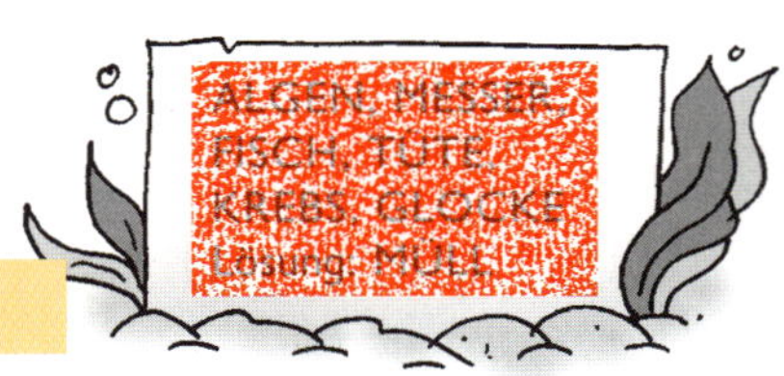

3 Eine Welle hat die Selbstlaute weggespült.
Hilfst du Karlo beim Lesen der Schatzkarte?

Schw_mm_ z_r M_sch_l.
B_g_ r_chts _b.
Schw_mm_ n_n zw_sch_n
d_r D_s_ _nd
d_m F_ls_n d_rch.

[redacted]

4 Karlo möchte wieder zurück an Land schwimmen.
Kannst du ihm helfen? Folge den Wörtern mit *d* oder *t* am Ende. Trage die passenden Buchstaben ein.

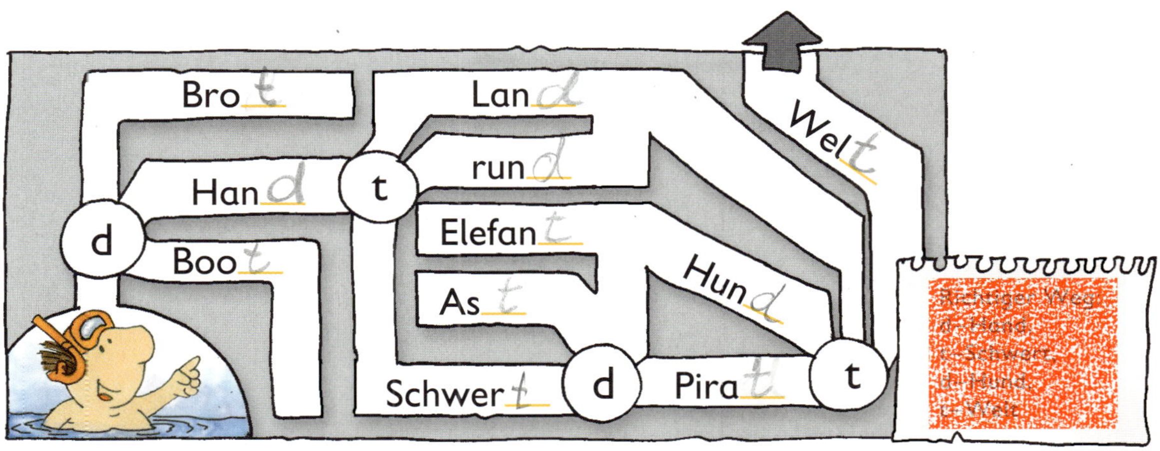

[redacted]

Wusstest du schon, dass …

… Delfine zwar wie Fische im Meer leben, zum Atmen aber regelmäßig an die Wasseroberfläche schwimmen? Sie würden sonst ersticken.

Wasser

1 Diese Eisberge sind unter Wasser doppelt so groß wie der Teil, der herausragt. Wie groß ist jeder Eisberg wirklich?

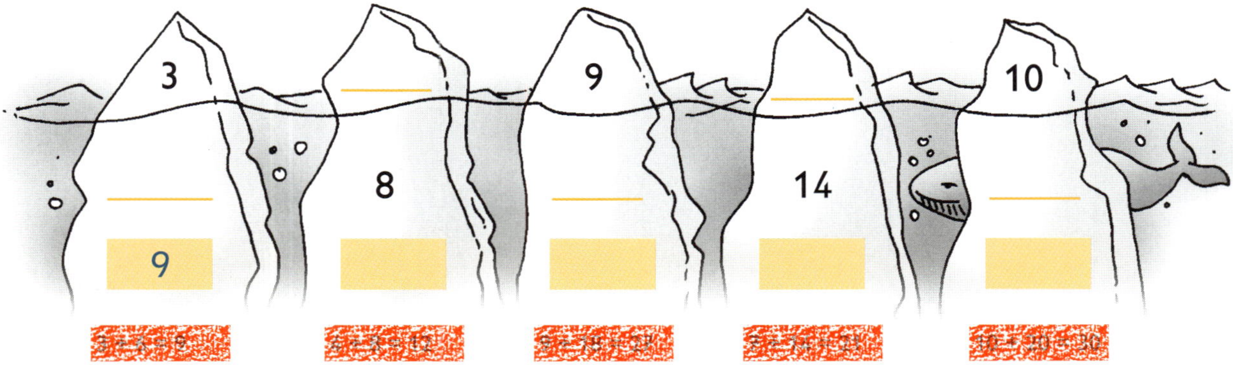

2 Versuche aus den Buchstaben des Wortes so viele neue Wörter wie möglich zu bilden. Du musst nicht alle Buchstaben verwenden.

Tinte, ______________________

____

____

3 Ergänze die Zahlen so, dass sich immer von oben nach unten die Zahl 19 ergibt. Erfinde eigene Rechenschwärme.

4 Die Riesenkrabben sammeln Schuhe. Jede Krabbe hat 6 Beine. Insgesamt haben sie schon 20 Schuhe gefunden. Wie viele Krabben tragen an allen Füßen Schuhe? Wie viele Schuhe bleiben übrig?

5 Was entdeckt Konfetti beim Tauchen? Schreibe zu jedem Bild das richtige Wort. Die blauen Kästchen ergeben die Lösung.

6 Eine Wasserschnecke kriecht jede Nacht 8 Zentimeter (cm) an einer Koralle hoch. Tagsüber rutscht sie 5 cm hinunter. Nach der 3. Nacht sitzt sie auf der Spitze der Koralle. Wie groß ist die Koralle?

Größe der Koralle: ______ cm

Mach mit!

► **Experiment: Wassermusik**

Fülle fünf gleich große Gläser unterschiedlich hoch mit Wasser.

Überlege: Was passiert, wenn du mit deinen Fingern über den Rand der Gläser fährst? Schreibe auf.

Probiere es jetzt aus:
Befeuchte deine Finger und fahre über den Rand der Gläser.
Was kannst du feststellen?
War deine Vermutung richtig?

Für Profis: Schaffst du es, acht Gläser so mit Wasser zu füllen, dass eine Tonleiter entsteht und du ein Lied spielen kannst?

► **Unterwasser-Lupe**

Unter Wasser sieht unser Auge unscharf.
Du kannst dir selber eine Lupe bauen, mit der du unter Wasser gut sehen kannst.
Du brauchst ein hohes Marmeladenglas.
Tauche es zur Hälfte ins Wasser – wenn du nun durchschaust, siehst du scharf.

► Ergänze die leeren Felder so, dass in jeder Zeile (→), in jeder Spalte (↓) und in jedem kleinen Quadrat jedes Bild genau einmal vorkommt.

► **Experiment: Das umgedrehte Wasserglas**

Du brauchst: ein Glas, eine Postkarte (oder Karton). Fülle das Glas randvoll mit Wasser. Lege die Postkarte oben auf das Glas. Halte die Karte gut fest und drehe dabei alles schwungvoll über einem Waschbecken um. Nimm nun deine Hand weg. Was, denkst du, passiert?

Was passiert tatsächlich? Probiere das Experiment aus und schreibe auf, was du beobachtest.

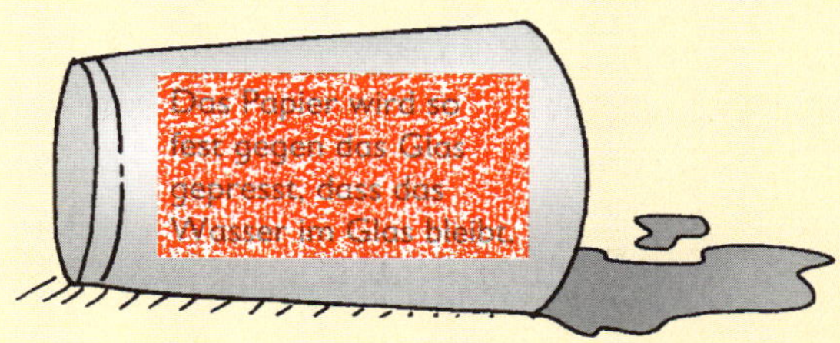

6 Die Welt der Indianer

1. Im Indianerdorf findest du neun Gegenstände, die es früher nicht gab. Kreise sie ein.

2. Der Wind hat die Rauchzeichen verweht. Findest du die Wörter? Schreibe sie auf.

3 Rote Feder sucht ihren Freund. Wie heißt er?
Male den richtigen Namen an.

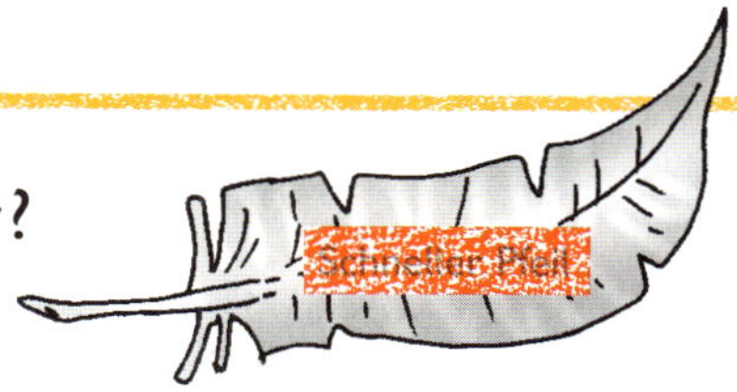
[redacted]

Er hat schulterlange Haare und trägt Mokassins.
In der Hand hält er einen Bogen. Er hat kein Stirnband.

4 Die Indianermädchen haben schöne Steine gesammelt.
Wie viele Steine hat jedes Mädchen? Lies genau.

6 Die Welt der Indianer

1 Die Indianer verwendeten viele Zeichen und Muster.
Jedes Zeichen hatte eine bestimmte Bedeutung.
Schreibe eine Geschichte, in der alle Wörter vorkommen.
Ersetze dabei die Wörter durch die passenden Zeichen.

Krieger

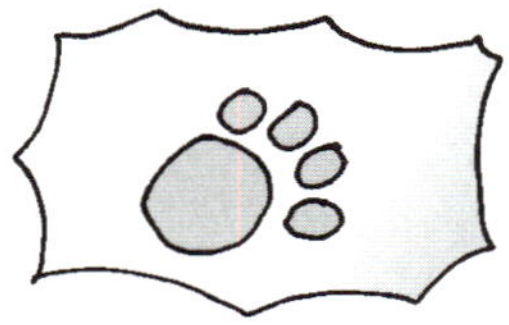

Bärenspur

Büffel

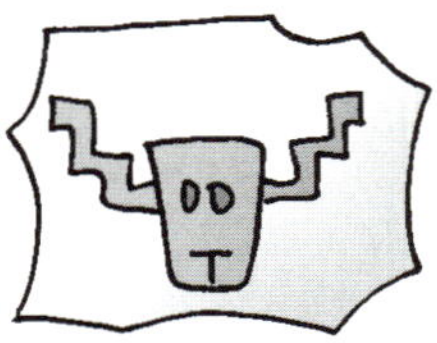

Hirsch

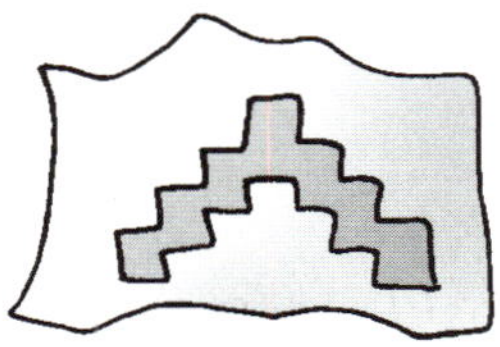

Berg

Sonne

Wusstest du schon, dass …

… die Indianer nur wegen eines Irrtums so genannt werden? Vor über 500 Jahren wollte der Seefahrer Christoph Kolumbus einen neuen Seeweg nach Indien finden. Stattdessen landete er in Amerika, was er jedoch nicht bemerkte. Deshalb nannte er die dort lebenden Menschen Indianer.

2 Das Zelt der Prärie-Indianer heißt Tipi. Die Bemalung des Tipis verrät dir seinen Bewohner. Wo wohnen Tapferer Krieger und Schneller Büffel? Bemale auch das Tipi von Großer Jäger.

3 Kleine Wolke bastelt Federschmuck. Welche Feder bleibt übrig? [redacted]
Ergänze die fehlenden Zahlen. *Tipp*: Achte auf die Summe.

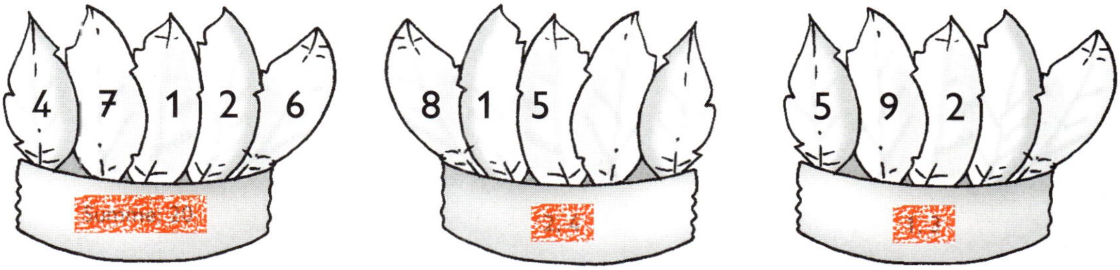

4 Am Flussufer grasen viele Büffel. Immer zwei gehören zu einer Familie. Nur einer ist allein. Findest du ihn?

5 Ergänze die Zahlen auf den Büffelhäuten. Die Summe in jeder senkrechten (↓), waagrechten (→) und diagonalen (↘↙) Reihe ergibt die Zahl auf dem Stein.

Mach mit! 

- **Anschleich-Spiel** (für 3 und mehr Spieler)
Der Spielleiter hat eine Trillerpfeife und zählt mit geschlossenen Augen bis 20.
Die anderen verstecken sich. Dann pfeift er einmal laut. Beim Pfeifsignal erstarren alle.
Der Spielleiter muss an seinem Platz bleiben und benennt alle Mitspieler, die er sehen kann.
Dann schließt er nochmals die Augen und zählt bis 15. Die Versteckten schleichen sich an.
Wieder ertönt die Pfeife und der Spielleiter ruft die, die er erkannt hat. Das Kind, das dem Spielleiter am nächsten kommt, wird neuer Spielleiter.

- **Eine Indianertrommel basteln**
Du brauchst: einen Blumentopf aus Ton mit etwa 22 cm Durchmesser, 15 Kreise aus Butterbrotpapier mit etwa 28 cm Durchmesser, Kleister, Karton, Schere.

Rühre den Kleister nach Anweisung an. Stelle eine Kartonschablone mit etwa 28 cm Durchmesser her. Ein Zirkel oder ein Eimer helfen dir. Zeichne damit die Kreise auf das Papier und schneide sie aus.

Bestreiche den ersten Kreis mit Kleister und klebe ihn auf den Tontopf. Streiche das Papier so glatt wie möglich. Jetzt bestreichst du den nächsten Kreis mit Kleister und klebst ihn auf den ersten.

Wenn du alle Kreise aufgeklebt hast, streiche nochmals alles glatt und lasse die Trommel eine Woche trocknen. Jetzt kannst du darauf spielen. Wenn du Lust hast, kannst du sie noch bemalen.

► **Stöckchenschlagen** (für 2 oder mehr Spieler)
Zielgenauigkeit war für Indianer bei der Jagd lebenswichtig.
Mit diesem Spiel könnt ihr üben, ein Ziel genau zu treffen.
Ihr braucht: einen kurzen und einen langen Stock, zwei Steine.

Lege den kurzen Stock wie eine Brücke über die Steine. Schiebe den längeren darunter. Schleudere den kurzen Stock zu deinem Mitspieler. Der muss versuchen, ihn zu fangen. Gelingt es ihm, dann tauscht ihr die Rollen. Fängt er den Stock nicht, muss der Spieler ihn so zurückwerfen, dass der Stock einen der beiden Steine berührt.

► **Weitwurf** (für 2 oder mehr Spieler)
Indianer waren sehr geschickte und aufmerksame Jäger.
Mit diesem Spiel könnt ihr eure Geschicklichkeit trainieren.
Ihr braucht: einen kurzen Stock.

Das Spiel wird barfuß gespielt. Legt gemeinsam eine Startlinie fest. Der Erste stellt sich an die Startlinie. Er balanciert das Stöckchen auf den Zehen eines Fußes und versucht, es möglichst weit zu schleudern. Wer das Stöckchen am weitesten wirft, hat gewonnen.

Schafft ihr es auch, euch gegenseitig den Stock zuzuwerfen, ohne dass er auf den Boden fällt? Probiert es aus.

Luft

1 Bei der Erfindung der Fluggeräte haben die Menschen oft bei der Natur abgeschaut. Was gehört zusammen? Fahre jeweils den richtigen Weg möglichst genau nach.

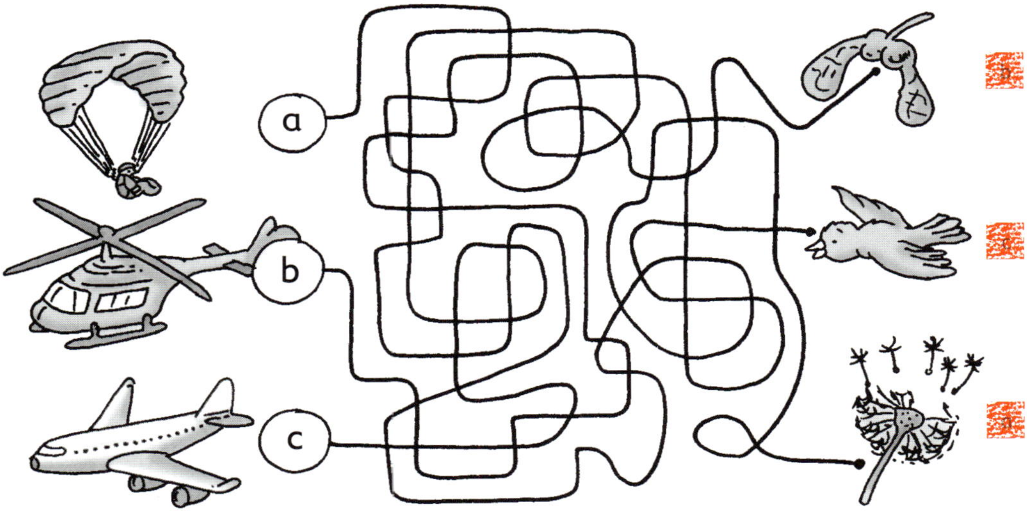

2 Was war zuerst da? Ordne die Fluggeräte nach dem Alter. Die Buchstaben in den Klammern ergeben ein Lösungswort.

Motorflugzeug (M)
1903

Hubschrauber (M)
1930

Heißluftballon (H)
1783

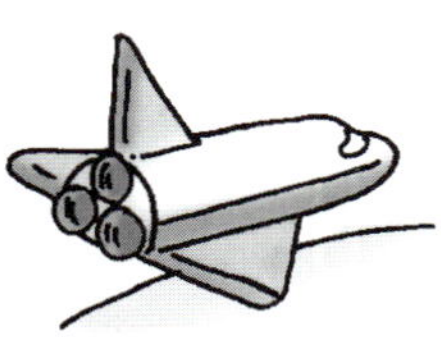

Raumfähre (L)
1961

Zeppelin (I)
1900

Düsenflugzeug (E)
1939

Lösungswort: H1 _2 _3 _4 _5 _6

Wusstest du schon, dass …

… man mit einem Heißluftballon nicht fliegt, sondern fährt? Ein Heißluftballon ist mit erhitzter Luft gefüllt und deshalb leichter als „normale“ Luft. Physiker sagen, dass alles, was leichter als Luft ist, fährt.

3 Löse die Rechnung im Windrad und erfinde auch eigene Rechnungen: Schreibe eine Ergebniszahl auf und suche immer zwei Zahlen, die dieses Ergebnis ergeben.

4 Die Fahnen flattern im Wind. Kannst du die Wörter darauf trotzdem lesen? *Tipp*: Der erste Buchstabe ist blau.

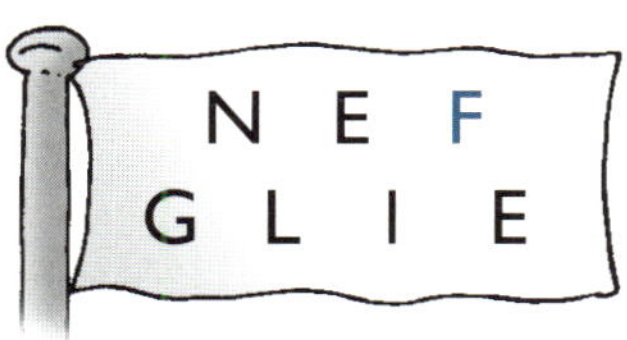

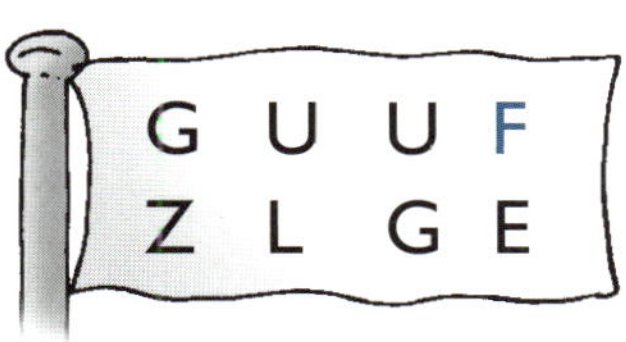

Luft

1 Male den Drachen farbig aus:
Namenwörter: rot,
Tunwörter: blau,
Wiewörter: grün.

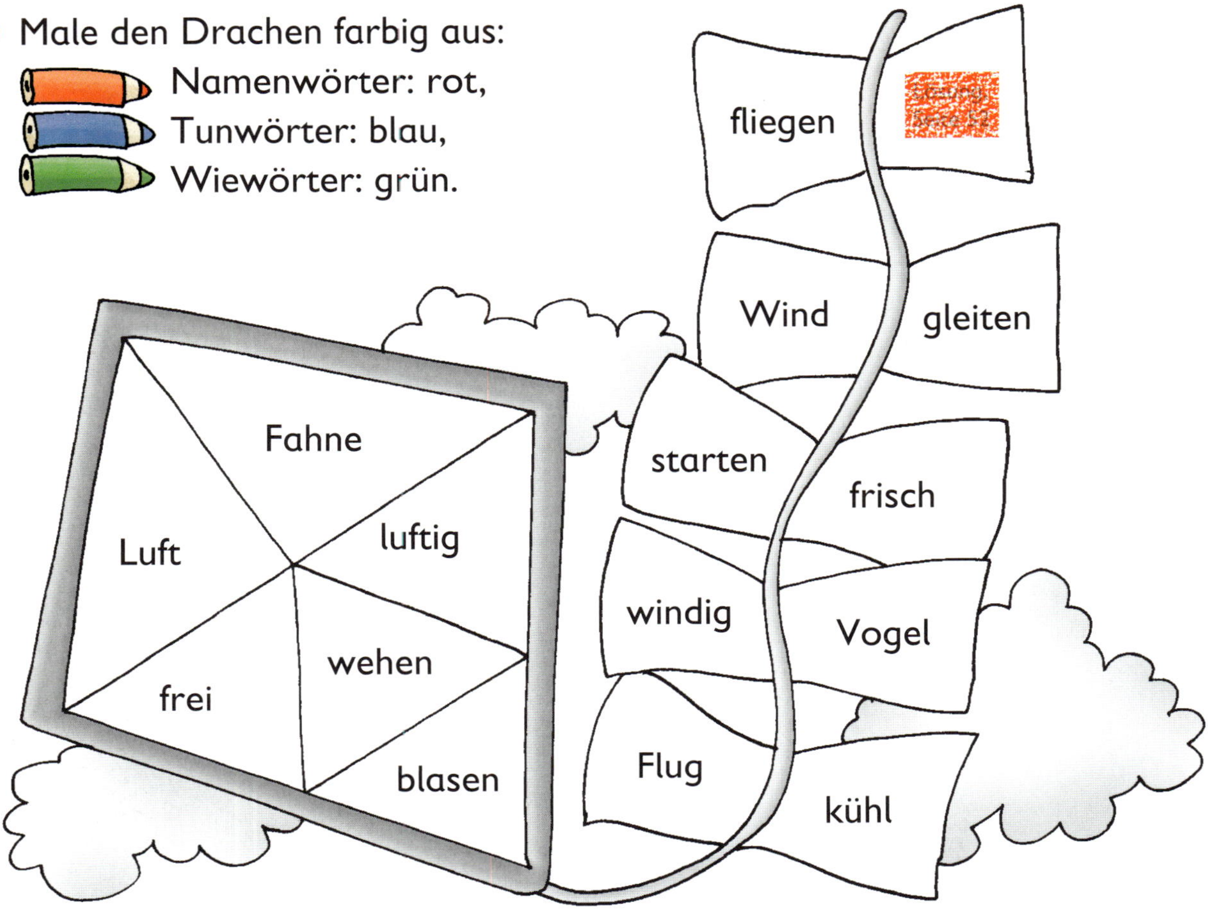

2 Wie viele Luftballons müssen auf Wippe 3 liegen, damit diese im Gleichgewicht ist?

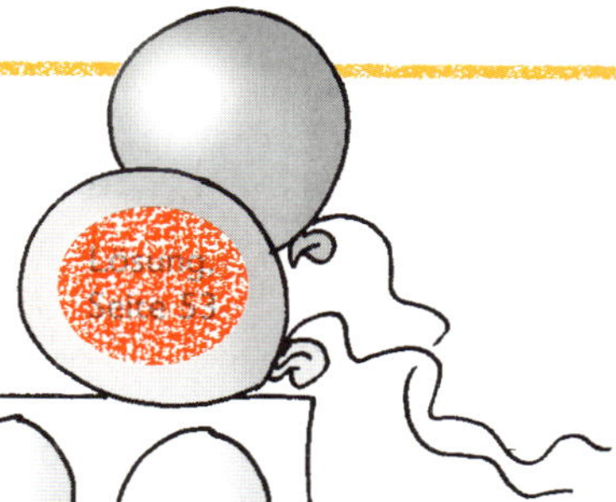

3 Kannst du die Reihenfolge der Muster auf den Luftballons erkennen? Setze sie fort.

4 Entdeckst du die Fehler in den Schattenbildern?

5 Der Wind hat die Silben durcheinandergewirbelt. Male zusammengehörende Silben gleichfarbig an.

bel Wind bal Flug

lon müh chen Wir

sturm dra Luft le

► Experiment: Flügel aus Papier

Halte einen Papierstreifen wie auf der Zeichnung dicht vor deinen Mund. Puste an der Oberseite kräftig entlang. Was kannst du beobachten?

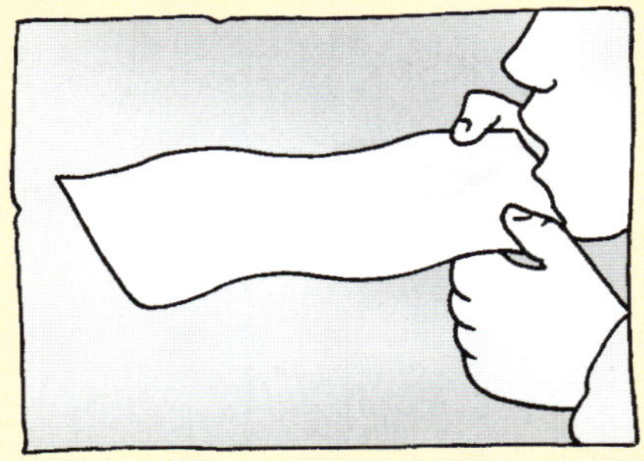

► Experiment: Der Trick mit der Tüte

Du brauchst: eine sehr dünne Plastiktüte, einen Föhn und jemanden, der dir hilft.

Was geschieht, wenn du mit dem Föhn vorsichtig eine halbe Minute lang heiße Luft in die Tüte bläst? Überlege genau.

Probiere das Experiment nun aus. Dein Helfer hält die Tüte mit beiden Händen fest. Schalte den Föhn ab und lass die Tüte los. Was beobachtest du? Schreibe auf. Lagst du mit deiner Vermutung richtig?

- **Pappenlauf** (für 2 oder mehr Spieler)
  Ihr braucht: für jeden Mitspieler ein großes Stück Pappe.
  Haltet das Stück Pappe mit beiden Händen vor den Körper. Lauft zuerst langsam, dann immer schneller über eine Wiese. Was stellt ihr fest? Schafft ihr es auch, ohne dass ihr die Pappe festhaltet?

- **Bastle dir einen Fallschirm**
  Du brauchst: ein Taschentuch, 4 Bindfäden (ca. 50 cm lang), eine Wäscheklammer.
  Binde an jeder Ecke einen Faden fest und knote die Fadenenden zusammen. Befestige die Wäscheklammer am Knoten. Jetzt kannst du mit deinen Freunden einen Flugwettbewerb veranstalten.

- **Experiment: Das Wasserglas**
  Du brauchst: ein Einmachglas, einen Tischtennisball, ein Blatt Küchenpapier, eine durchsichtige Schüssel (höher als das Glas) voll Wasser.

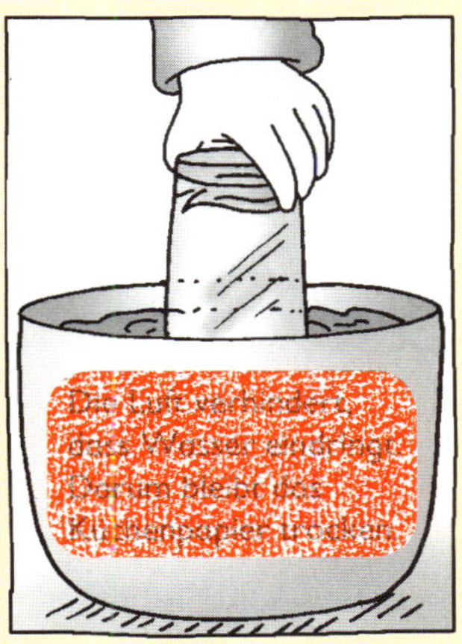

Stecke das Küchenpapier in das Glas und drücke es am Boden fest. Lege den Ball auf das Wasser. Stülpe nun das Glas über den Ball und drücke es langsam bis an den Boden der Schüssel. Was beobachtest du?

Bunte Zirkuswelt

1 Welche Sätze stimmen? Lies genau und kreuze an.

- ☐ 1. Der Feuerspucker spuckt Wasser.
- ☐ 2. Der Löwe springt durch den Feuerreifen.
- ☐ 3. Der Zirkusdirektor rollt durch die Manege.
- ☐ 4. Der Seiltänzer liest auf dem Seil.
- ☐ 5. Der Clown bringt die Zuschauer zum Weinen.
- ☐ 6. Der Zauberer hat einen schwarzen Zylinder.

2 Verbinde die geraden Zahlen der Reihe nach.
Was siehst du? Male das Bild farbig an.

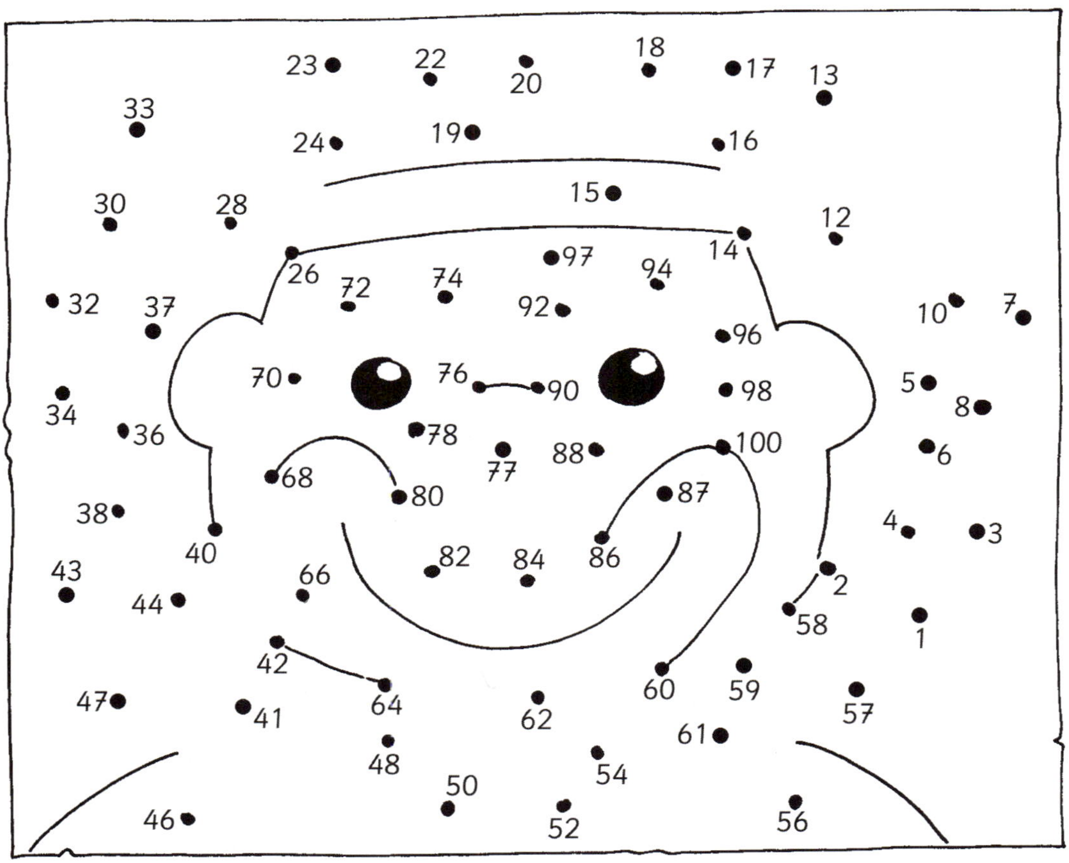

3 Was zaubert Zampano aus dem Hut? Die Zahlen unter den Bildern verraten dir, welchen Buchstaben du nehmen musst: 1 = 1. Buchstabe.

1, 2	1	1, 2	3, 4	5, 6
___	___	___	___	___

Wusstest du schon, dass …

… auch Zirkuskinder in die Schule gehen müssen? Sobald ein Zirkus in einer neuen Stadt ist, müssen die Kinder an einer Schule angemeldet werden. Für Hausaufgaben bleibt aber nicht viel Zeit, weil die Kinder nachmittags meistens auch noch im Zirkus helfen müssen.

4 Clown Beppo jongliert mit vielen Bällen. Lies den Text in der Sprechblase. Umkreise den richtigen Jonglierball.

Bunte Zirkuswelt

1 Den größten Zirkus des Altertums gab es in Rom: eine aus Stein gebaute Arena, die ungefähr 600 Meter lang und 150 Meter breit war. Etwa 145 000 Zuschauer hatten darin Platz. Ergänze die fehlenden Buchstaben. Dann weißt du, wie die bekannte Arena in Rom heißt.

	☐	lown
Se	☐	ltänzer
	☐	aubtier
S	☐	hlange
Za	☐	berer
Zirku	☐	zelt
Do	☐	pteur
Elef	☐	nt
A	☐	twerfer
T	☐	ger
	☐	anege
Zirk	☐	szelt
	☐	eelöwe

2 Suche die zehn Fehler im rechten Bild. Kreise sie ein.

3 Karlo hat die Zahlen in Bilder verwandelt.
Kannst du sie zurückzaubern?

3 ✖	+	1 ▲	=	◆
○	–	●	=	✖
◆	+	●	=	◖
▲	+	◆	=	○

Lösung: Seite 53

4 Wer ist denn Clown Tor Tunichtgut? Male dazu,
was fehlt. Schreibe die Namen der Clowns darunter.

Links und rechts von Kurt Knuddelig steht ein Clown.
Tor Tunichtgut hat einen Topf auf dem Kopf.
Der dickste Clown hat einen roten Hut auf dem Kopf.
Der mittlere Clown hat einen Blumentopf auf.
Ein Clown hat den Namen Willi Witzig.

Willi Witzig ______ Kurt Knuddelig ______ Tor Tunichtgut

Mach mit!

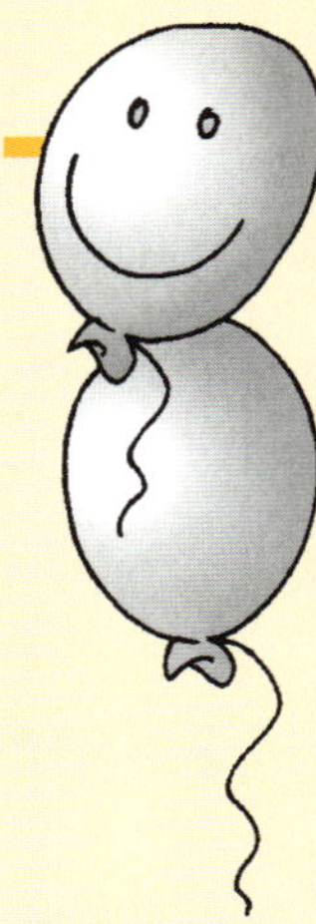

► Der Zauberballon

Du brauchst: 2 Luftballons, Tesafilm, Stecknadel.
Auf einen Luftballon klebst du heimlich ein Stück Tesafilm. Blase nun beide Luftballons auf. Ein Zuschauer darf mit einer Nadel in den ersten Ballon piken – der Ballon platzt. Jetzt nimmst du den zweiten Ballon und stichst hinein, natürlich in die mit Tesafilm geschützte Stelle.
Der Ballon platzt nicht. Überlege dir dazu einen Zauberspruch.

► Willst du noch einen Zaubertrick lernen?
Trage die Wörter passend in die Lücken ein:
Schlinge, Tuch, Ring, Seil, Ring, ziehe.

Du brauchst: ein Seil (ca. 30 cm lang), einen Holz- oder Metallring mit einem Durchmesser von ca. 6 cm, ein Tuch.

Ich nehme das ____________ und lege es zu einer ________________

zusammen. Ich schiebe die Schlinge durch einen ____________.

Ich führe die Enden des Seils durch die Schlinge und

________________ fest daran. Der Ring ist nun festgeknotet.

Ich breite ein ________________ über Ring und Seil.

Ich schiebe die Schlaufe nach oben über den ____________.

Ich ziehe an den Enden des Seils: Der Ring ist befreit.

► Jonglierbälle basteln

Du brauchst: 100 g Reis oder Sand (pro Ball), 2 normale Luftballons (pro Ball), Trichter, Schere.

1. Stecke den Trichter in die Öffnung des Luftballons.
   Fülle den Reis durch den Trichter hinein.
2. Ist der komplette Reis im Ballon, schneide den Hals des Ballons ab.
   Schneide auch den Hals des zweiten Ballons ab.
3. Stülpe den zweiten Ballon über den ersten Ballon.
   Er muss dabei die Öffnung des ersten Ballons komplett verdecken.
   Du kannst den Ball noch mit etwas Puder einreiben, dann rutscht er nicht so leicht aus der Hand.

► Probiere deine Jonglierbälle aus. *Tipp*: Am Anfang ist es leichter, mit Tüchern zu jonglieren.

Jonglieren mit zwei Bällen

Nimm in jede Hand einen Ball. Wirf den rechten Ball zur linken Hand. Hat er den höchsten Punkt erreicht, wirfst du den linken Ball in die rechte Hand. Fange die Bälle und beginne nun mit links.

Jonglieren mit drei Bällen

Nimm in die rechte Hand zwei und in die linke Hand einen Ball. Wirf den 1. Ball zur linken Hand. Hat er den höchsten Punkt erreicht, wirfst du den 2. Ball zur rechten Hand. Wenn dieser am höchsten Punkt ist, kannst du den 3. Ball werfen. Und so weiter …

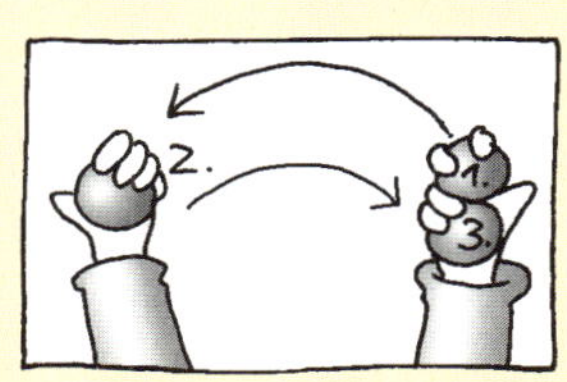

Lösungen

Seite 10

❷ Beim 3. Wappen fehlt ein Baum.

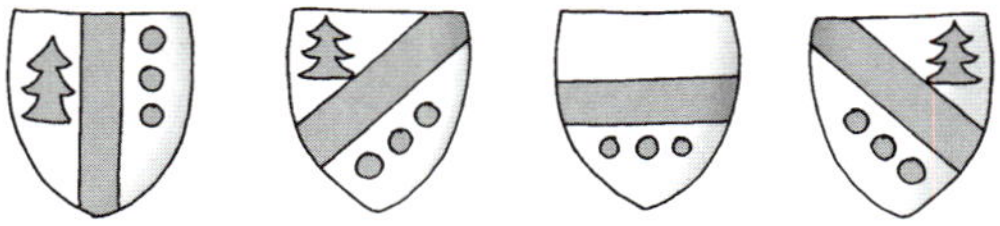

Seite 12

❶

Seite 17

❹

KE	RE	GEN	WOL
GEN	WOL	RE	KE
RE	KE	WOL	GEN
WOL	GEN	KE	RE

Seite 19

❺

Seite 25

❹

Seite 31

❻ 1. Nacht: 8 cm

1. Tag: 8 cm – 5 cm = 3 cm

2. Nacht: 3 cm + 8 cm = 11 cm

2. Tag: 11 cm – 5 cm = 6 cm

3. Nacht: 6 cm + 8 cm = 14 cm

Die Koralle ist 14 cm hoch.

Seite 33

Seite 37

❹

❺

Seite 42

❶ Namenwörter: Luft, Fahne, Wind, Vogel, Flug

Tunwörter: wehen, blasen, fliegen, gleiten, starten

Wiewörter: frei, luftig, frisch, windig, kühl

Seite 43

3

4

Seite 46

2

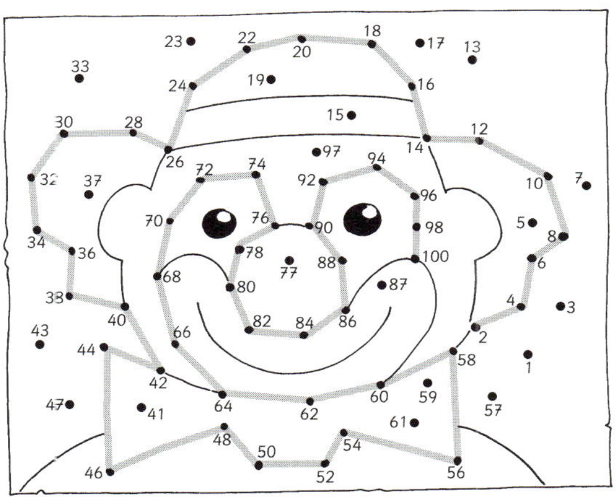

Seite 48

2

Seite 49

3

3	+	1	=	4
✖		▲		◆
5	–	2	=	3
○		●		✖
4	+	2	=	6
◆		●		◐
1	+	4	=	5
▲		◆		○

Mach mit!

Das geheimnisvolle Labyrinth

Nur zwei Wege im Labyrinth führen Konfetti zum Knochen. Findest du sie? Zeichne die beiden Wege mit Bleistift ein. Male den kurzen Weg rot und den langen Weg gelb an.

► Kannst du durch eine Postkarte steigen? Nein? Doch das geht. Probiere es aus. Du brauchst dazu eine alte Postkarte oder ein Blatt Papier (DIN A5) und eine Schere.

1. Falte die Postkarte an der langen Seite in der Mitte zusammen.

2. Schneide jetzt abwechselnd von der einen, dann von der anderen Seite ein. Wichtig: Beginne und ende an der gefalteten Seite.

3. Schneide nun die Postkarte entlang der Faltkante in der Mitte durch. Die beiden äußeren Kanten dürfen nicht durchgeschnitten werden.

4. Klappe die Postkarte vorsichtig auseinander und steige durch.

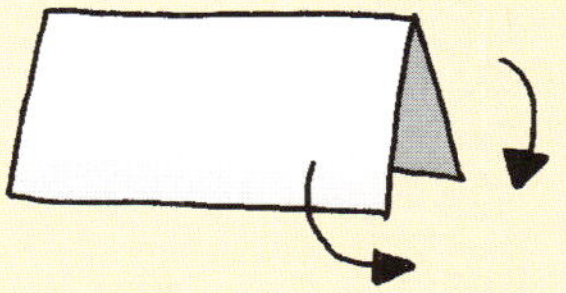

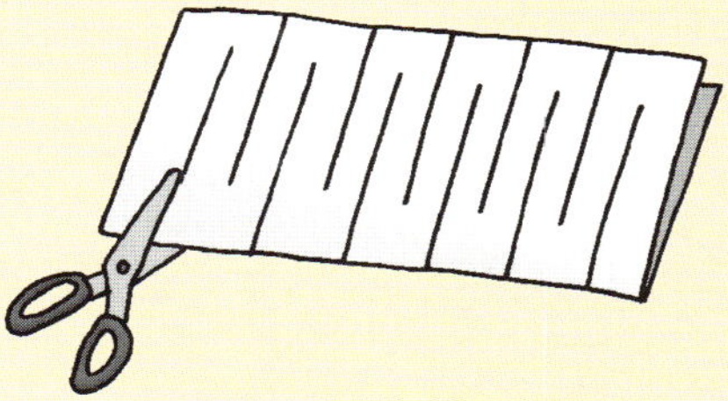

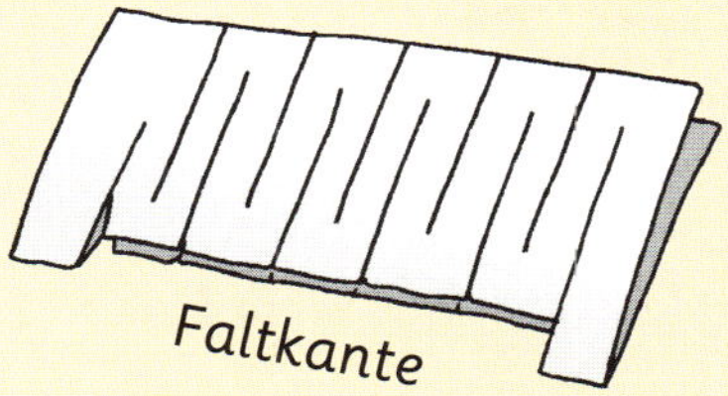

► Wette mit deinen Freunden, dass du es schaffst, durch eine Postkarte zu steigen. Dass du dabei ein bisschen mit der Schere trickst, muss davor ja niemand wissen ...!

Zum Knobel- und Forscherbuch

Bastle dir dein eigenes Knobel- und Forscherbuch. Ob zu Hause oder unterwegs – im praktischen Hosentaschenformat hast du es überall griffbereit.

So geht's:

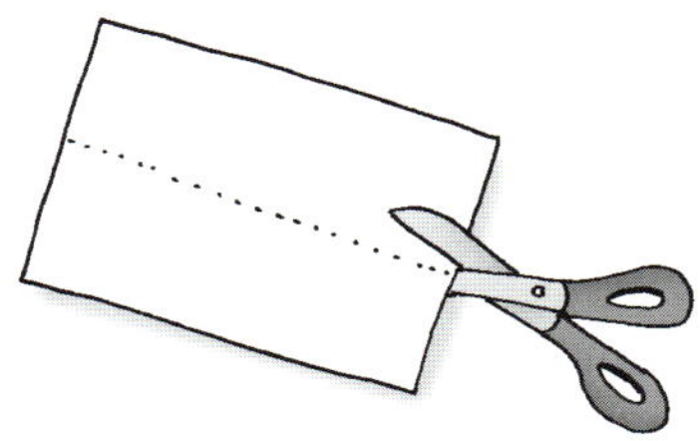

1. Schneide die folgenden Seiten entlang der gestrichelten Linien auseinander.

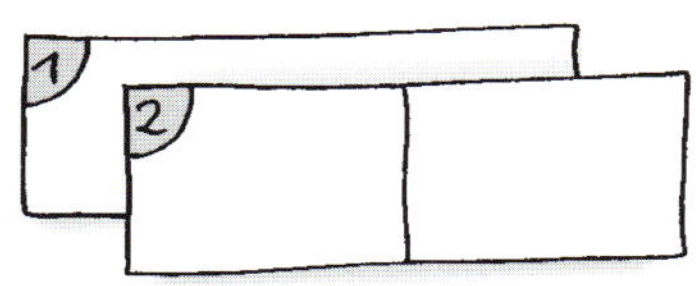

2. Ordne die Papierstreifen: Beginne mit Seite 1 und lege nacheinander Seite 2 bis 10 aufeinander. Achte auf die Zahlen links oben in der Ecke.

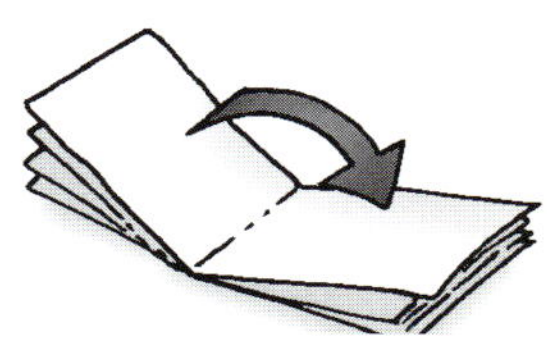

3. Lege die Streifen genau aufeinander und falte sie sorgfältig in der Mitte zusammen.

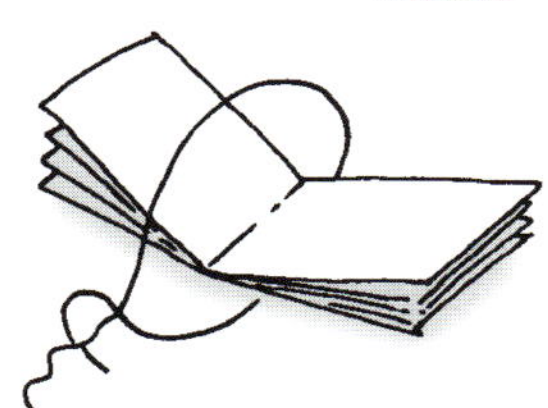

4. Nun musst du nur noch einen Bindfaden in den Knick in der Mitte legen und die Enden miteinander verknoten. Fertig!

Knobel- und Forscherbuch zu
Denk- und Knobelspaß, 1./2. Klasse

1./2. Klasse
Knobel- und Forscherbuch

Forscherauftrag 5: Schmecken ohne Nase?
Beim Essen schmeckt nicht nur die Zunge, sondern auch die Augen und die Nase schmecken mit. Erst mit der Nase wird der genaue Geschmack ermittelt.

Probiere es aus: Verbinde die Augen und setze dir eine Wäscheklammer auf die Nase.
Lass dir von einem Partner nacheinander Apfel-, Karotten- und Kohlrabistückchen reichen.
Errätst du, worauf du gerade kaust?

Streichholztricks

a) Entferne 4 Streichhölzer so, dass 2 Quadrate entstehen.
b) Nimm ein Streichholz weg, damit 3 Vierecke übrig bleiben.

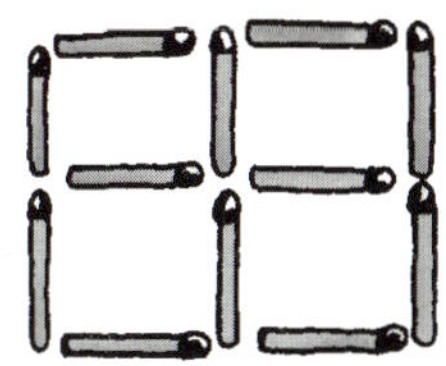

1

Hölzchenspielereien

Lege mit 10 Streichhölzern diese Figur.

Suche andere Möglichkeiten, mit den 10 Streichhölzern 3 Quadrate zu legen.

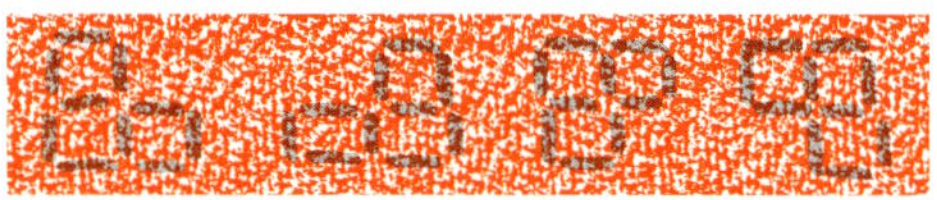

Forscherauftrag 6: Geräusche-Memory®

Teste deine Ohren mit diesem Memory®:
Wie gut kannst du heraushören, welche Geräusche gleich klingen?

Du brauchst: 10 leere Filmdosen und Materialien wie z. B. Reißzwecken, Büroklammern, kleine Nudeln oder Reis.

Fülle mit einem Esslöffel immer zwei Dosen mit dem gleichen Material und verschließe sie gut.
Kannst du durch Schütteln herausfinden, welche Dosen zusammengehören?

2

Sitzordnung

An welchem Pult sitzt jedes Kind? Lies die Sätze genau und trage die richtigen Namen rechts ein.

Steffi: „Ich sitze in der ersten Reihe ganz links außen."
Nadine: „Ich sitze zwischen Carmen und Verena."
Carmen: „Ich sitze neben Steffi."
Florian: „Ich sitze in der zweiten Reihe am zweiten Tisch von links."
Daniel: „Ich sitze zwischen Florian und Alex."
Christian: „Ich sitze hinter Steffi."

Forscherauftrag 4: Baumarten erkennen

Mache einen Spaziergang im Wald oder im Park.
Welche verschiedenen Baumarten siehst du?
Ein Bestimmungsbuch hilft dir.
Du kannst auch ein eigenes Bestimmungsbuch basteln:
Sammle Blätter und presse sie. Klebe sie auf Papier oder Karton und beschrifte sie richtig.

Ahorn Eiche Buche Kastanie Haselnuss

3

Knotenspielerei

Schau dir die Seile genau an. Stell dir vor,
du ziehst an beiden Enden in entgegengesetzte Richtungen.
Welches Seil verknotet sich?
Du kannst eine Schnur zu Hilfe nehmen.

a) b) c)

Forscherauftrag 2: Verdunstung

Wasser verdunstet bei hohen Temperaturen und fällt schließlich wieder als Niederschlag vom Himmel. Welche Rolle die Sonne dabei spielt, kannst du leicht herausfinden.

Besorge dir zwei Untertassen. Bedecke bei beiden den Boden gleich mit Wasser. Stelle eine Untertasse in die pralle Sonne und die andere an einen schattigen Ort in der Wohnung.
Was kannst du beobachten?

4

Wettlauf

In welcher Reihenfolge kommen die Kinder ins Ziel? Trage die Namen rechts ein.

Emily kommt als Dritte an.
Stefan ist schneller als Chris.
Sofie ist nicht die Letzte.
Tim ist langsamer als Chris.
Emily ist schneller als Sofie.

Wörterschlange

Welche Wörter haben sich in der Schlange versteckt?

Forscherauftrag 3: Pflanzen zählen

Stecke mit vier Ästchen ein Quadrat auf einer Wiese ab. Stecke ein Ästchen in den Boden. Mache jeweils einen Schritt in jede Richtung und stecke die anderen Ästchen in jede Ecke. Zähle nun alle verschiedenen Pflanzenarten, die in deinem Quadrat wachsen. Kennst du auch die Namen der Pflanzen? Du kannst in einem Pflanzenkundebuch nachschlagen. Probiere diesen Versuch an verschiedenen Orten aus, wie z. B. im Wald, im Garten oder an einem Teich.

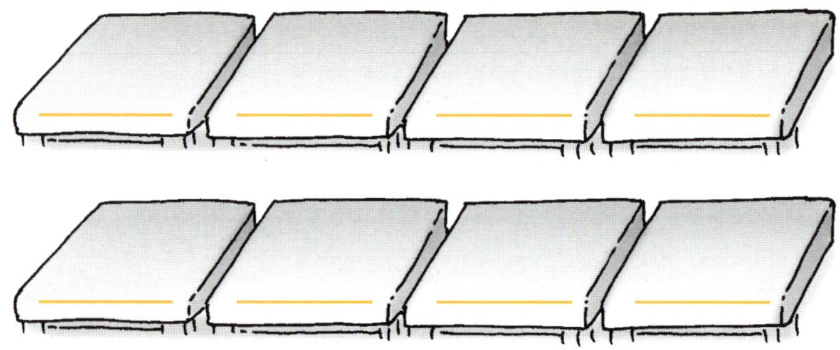

1. Reihe: Steffi, Carmen, Nadine, Verena
2. Reihe: Christian, Florian, Daniel, Alex

Forscherauftrag 1: Wasser in der Wüste

In der Wüste scheint es kein Wasser zu geben. Stimmt nicht! Teste dies selbst an einem heißen Tag im Sandkasten. Grabe ein 30 cm tiefes und 30 cm breites Loch. Stelle in die Mitte deines Lochs einen Messbecher. Spanne eine durchsichtige Plastikfolie darüber. Beschwere die Folie mit Steinen. Lege einen kleinen Stein in die Mitte der Folie über dem Messbecher. Warte 2–3 Stunden. Was kannst du nun an der Innenseite der Folie beobachten?

Vogelbeobachtung

Uli hat einen Apfelbaum im Garten.
Dort sitzen mehrere Vögel.
5 Vögel fliegen weg.
Danach setzen sich 3 Vögel dazu.
Uli zählt jetzt 12 Vögel.
Wie viele saßen vor dem Abflug der 5 Vögel auf Ulis Baum?

14 Vögel

5

Seerosenrätsel

Eine Seerose wächst so schnell, dass sie sich pro Tag verdoppelt. Nach 14 Tagen ist der See völlig zugewachsen. Wann hatten die Seerosen den See nur zur Hälfte bedeckt?

Viele Pflaumen

Lukas und Ina haben Pflaumen gegessen.
Lukas aß 6 mehr als Ina. Insgesamt waren es 16.
Wie viele Pflaumen hat jeder gegessen?
Tipp: Zeichne die Pflaumen.

6

Würfelrätsel

Bei einem Würfel haben gegenüberliegende Flächen zusammen immer die Augensumme 7. Findest du die 3 falschen Würfel? Schau genau.

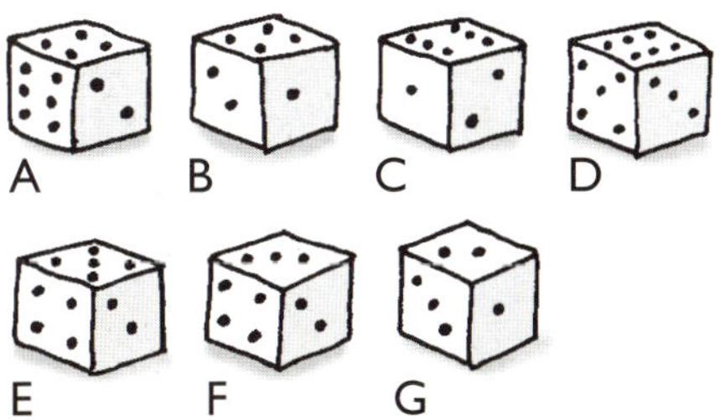

Zaubersterne

Wie heißt die richtige Zahl im rechten Zauberstern?
Tipp: Achte auf die Summe der Zahlen.

16

Der Staffellauf

Sina (S), Michael (M) und Leonie (L) sollen an einem Staffellauf teilnehmen.
Wie viele Möglichkeiten gibt es für die Reihenfolge, in der sie laufen können?

1. Platz: __________

2. Platz: __________

3. Platz: __________

4. Platz: __________

5. Platz: __________

15

Puzzlespaß

Lege diese vier Flächen so, dass sie ein Quadrat ergeben.
Tipp: Zeichne die Flächen auf Karopapier und schneide sie aus.

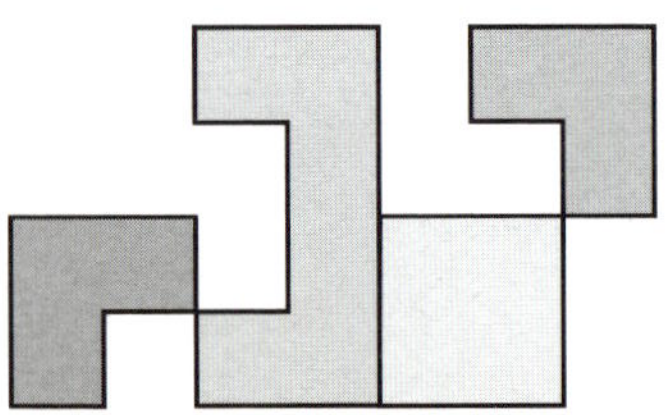

Schneckenjagd

a) Eine kleine Schnecke sitzt in der rechten unteren Fensterecke. Sie kriecht nach oben, nach links, nach unten und wieder nach oben. Wo landet sie?

b) Die Schnecke sitzt in der rechten oberen Ecke. Sie möchte zur linken unteren Ecke. Wie sieht ihr Weg aus? Überlege dir verschiedene Wege.

7

Würfelspielerei

Die gegenüberliegenden Augenflächen ergeben immer 7.

Welche Zahl liegt oben, wenn du den Würfel nach hinten kippst?

Welche Zahl liegt oben, wenn du den Würfel nach links kippst?

Welche Zahl liegt oben, wenn du den Würfel nach rechts kippst?

Welche Zahl liegt oben, wenn du den Würfel nach vorne kippst?

Optischc Täuschung

Schau genau und kreuze den richtigen Satz an.
Miss mit dem Lineal nach.

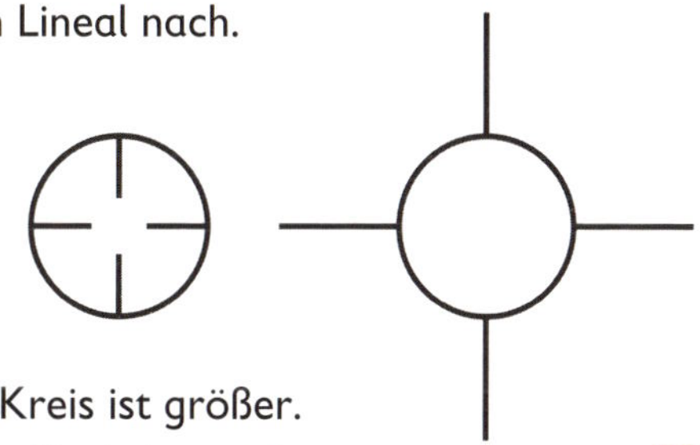

- Der linke Kreis ist größer.
- Der rechte Kreis ist größer.
- Beide Kreise sind gleich groß.

8

Chaosbild

Schau genau. Wie viele Dreiecke siehst du?
Tipp: Zähle auch die großen Dreiecke.

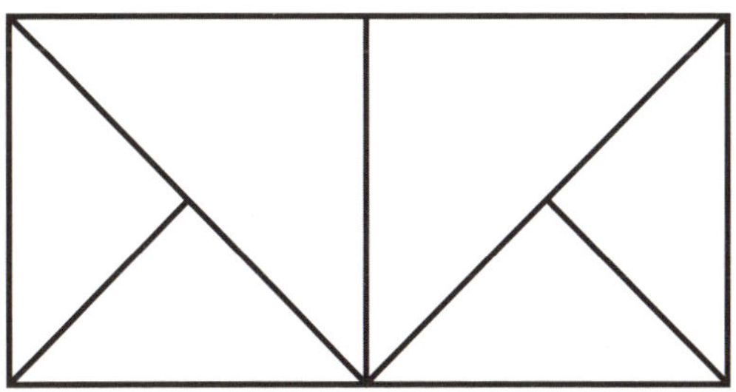

Logische Reihen

Überlege: Wie gehen die Reihen weiter?

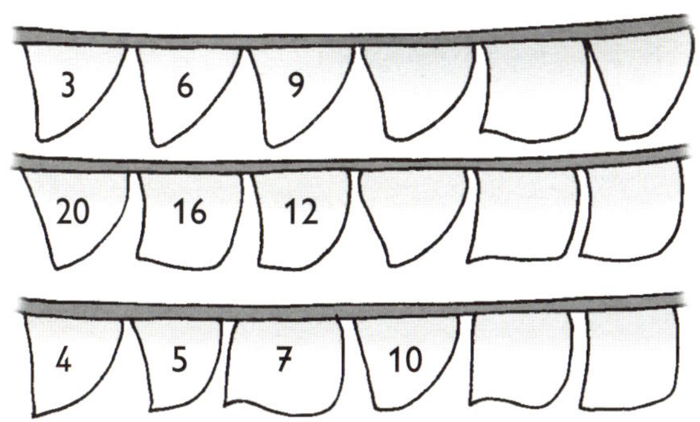

14

Teekesselchen

Ein Teekesselchen ist ein Wort,
das mehrere Bedeutungen hat.
Beispiel: Blatt

Welches Teekesselchen ist hier gemeint?

1. Du kannst darauf sitzen.
   Dort kann man Geld einzahlen. ______ [illegible]
2. Daraus fließt Wasser.
   Dieses Tier kräht morgens. ______ [illegible]

Namenssuche

Steffen ist jünger als Jan, aber älter als Oli.
Jan ist jünger als Tom.
Schreibe den Namen unter das richtige Bild.

______ [illegible] ______ [illegible] ______ [illegible] ______ [illegible]

13

Augenverwirrung

Sieh dir die Bilder genau an und kreuze die richtige Antwort an. Miss dann mit dem Lineal nach.

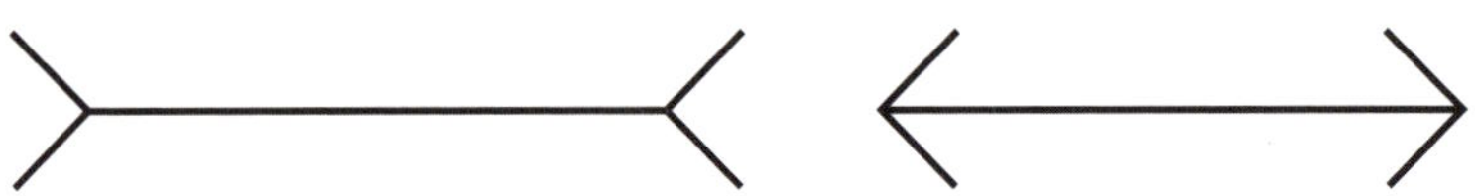

- ☐ Die linke Linie ist länger.
- ☐ Die rechte Linie ist länger.
- ☐ Beide Linien sind gleich lang.

[illegible]

Geburtstagsparty

Eva feiert Geburtstag. Dazu hat sie 4 Gäste eingeladen. Die Freunde stoßen auf sie an. Wie viele Male erklingen die Gläser, wenn sie mit jedem anstößt? [illegible]

9

Fotocollage

Setze das Bild im Kopf richtig zusammen:
Bringe die Streifen in die richtige Reihenfolge.

1 2 3 4 5 6 7 8 9 10

Viele Tiere

Welche Tiere gibt es im Zirkus?
Versuche, die Tiernamen herauszufinden.

REGIT ____________

TNAFELE ____________

EFFA ____________

DRAPOEL ____________

EDREFP ____________

10

Modellbau

Schau dir die Bilder genau an. Ordne die Bilder in der richtigen Reihenfolge. Nimm Streichhölzer und Knete und versuche dein eigenes Würfelmodell zu bauen.

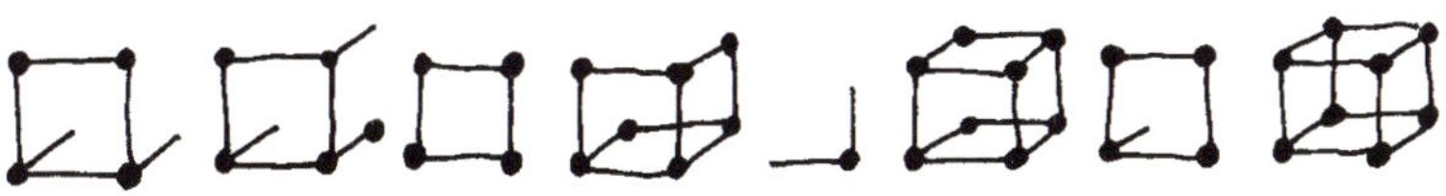

A B C D E F G H

E ____________

Bunte Fähnchen

Lisa klebt Fähnchen aus gelben (g), roten (r) und blauen (b) Papierstreifen. Die Fähnchen sollen dreifarbig sein und Längsstreifen haben. Wie viele verschiedene Fähnchen kann sie basteln?

12

Terrassenbau

Eva und Niklas sind Nachbarn. Die Eltern fliesen die Terrassen neu. Sie haben bereits angefangen.
Wie viele Fliesen fehlen noch?
Versuche die Aufgabe im Kopf zu lösen.

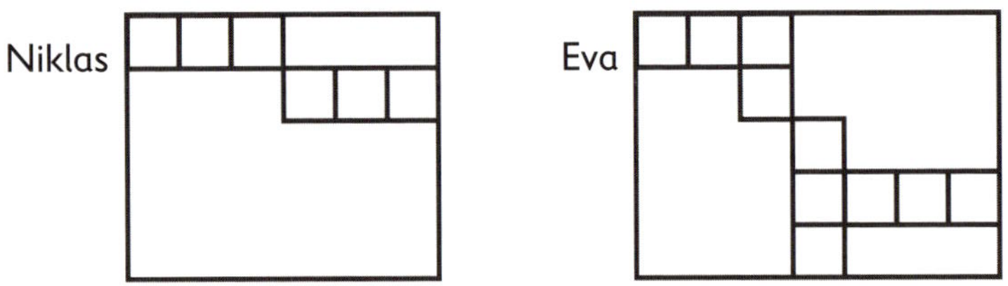

Doppelhaus

Lege ein Streichholz um und nimm eines weg.
Dann werden aus einem Haus zwei Häuser.

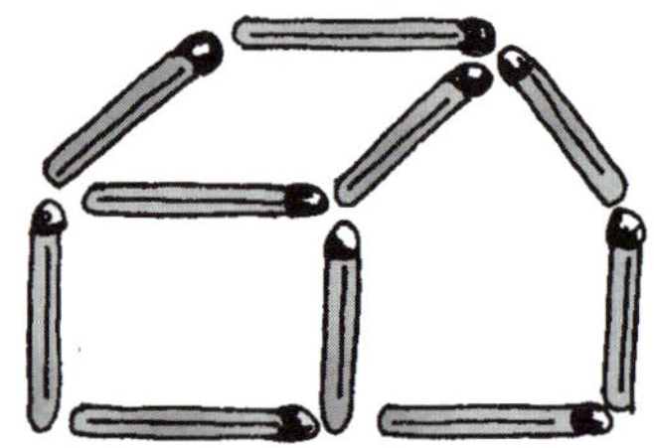

11

Im Zirkus

Während einer Zirkusvorstellung waren 3 Löwen, doppelt so viele Tiger wie Löwen, außerdem 8 Pferde und halb so viele Elefanten zu sehen.
Marie erzählt ihren Freunden: „Es waren 6 Tiger und halb so viele Löwen, 3 Elefanten und doppelt so viele Pferde zu sehen.“
Hat Marie Recht?

Das Geschenk

Was hat Karlo in seinem Geschenk?
Löse das Bilderrätsel und du weißt es.
Die Zahlen unter den Bildern verraten dir, welchen Buchstaben du nehmen musst: 1 = 1. Buchstabe

W ____________________

Inhalt – 3./4. Klasse

Die Erde – unser Blauer Planet

Wusstest du schon, dass …

… die Erde vom Weltraum aus betrachtet als bläulich schimmernde Kugel erscheint? Zu einem großen Teil ist die Erdoberfläche mit Wasser bedeckt. Deshalb nennt man die Erde auch „Blauer Planet". Sie ist der einzige Planet unseres Sonnensystems, auf dem Leben existiert.

1 a) Ordne die fünf Kontinente der Erde der Größe nach. Beginne mit dem größten Kontinent.

Europa ist weder der kleinste noch der größte Kontinent.
Amerika und Australien sind kleiner als Asien.
Afrika ist kleiner als Amerika, aber größer als Europa.

1 ______________

2 ______________

3 ______________

4 ______________

5 ______________

b) Schlage die Kontinente in einem Atlas nach. Findest du sie alle? Du kannst dir von einem Erwachsenen helfen lassen.

2 Der Umfang der Erde beträgt 40 000 km. Stell dir vor, Konfetti würde einmal um die Erde laufen, ohne eine Pause zu machen. Wie lange wäre er insgesamt unterwegs, wenn er je Stunde 5 km zurücklegt? Runde geschickt und rechne im Heft.

Er wäre ________ Stunden unterwegs.

Das sind ungefähr ________ Tage.

3 Finde die drei Expertenwörter heraus, die dir den Aufbau unserer Erde erklären. Achte genau auf die Fingerstellung im Bild.

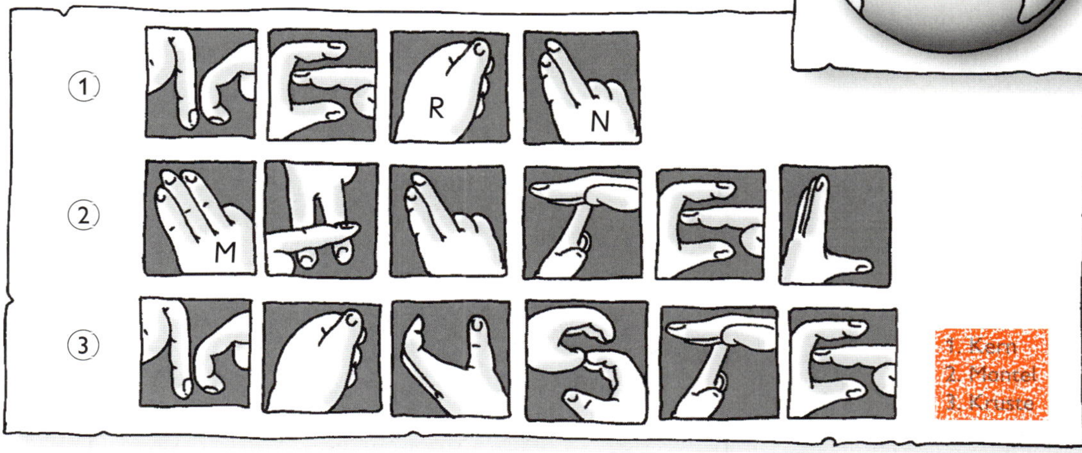

4 Ergänze den Lückentext mithilfe der Wörter in Aufgabe 3. Bringe den Text in eine logisch richtige Reihenfolge. Nummeriere von 1–4.

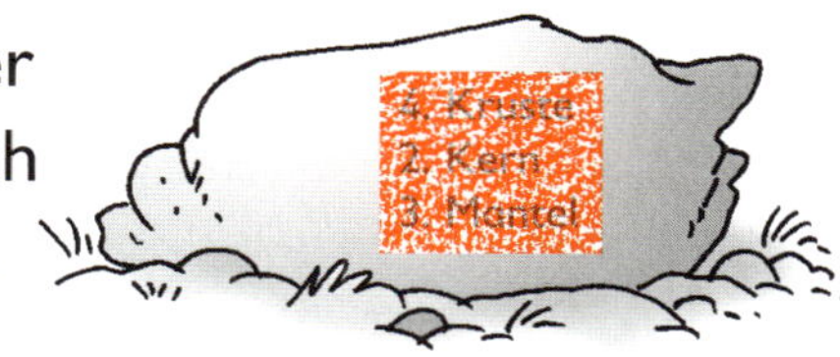

☐ Nach außen wird die Erde von der bis zu 40 km dicken ________________ aus festem Gestein begrenzt.

☐ Im Inneren der Erde liegt der ________________, welcher von der Erdoberfläche etwa 6 800 km entfernt ist.

1 Die Erde ist aus mehreren Gesteinsschalen aufgebaut.

☐ Umgeben wird der Kern von einem ________________. Er ist aus heißem, zähflüssigem Magma und fast 3 000 km dick.

5 Die Erde dreht sich in einem Tag um sich selbst. Sie braucht 365 Tage, um die Sonne zu umkreisen. Wie oft dreht sich die Erde in einem Jahr um sich selbst?

Von Venus, Mars und Jupiter

1 Ordne die acht Planeten richtig in die Umlaufbahn ein.
In der Tabelle findest du ihre Entfernung zur Sonne.

1: ____________ 2: ____________ 3: ____________ 4: ____________

5: ____________ 6: ____________ 7: ____________ 8: ____________

Planet	Entfernung in Millionen km
Erde:	hundertneunundvierzig
Jupiter:	siebenhundertachtundsiebzig
Merkur:	achtundfünfzig
Mars:	zweihundertachtundzwanzig
Saturn:	eintausendvierhundertdreißig
Neptun:	viertausendfünfhundertvier
Uranus:	zweitausendachthundertsiebzig
Venus:	hundertacht

1. Merkur
2. Venus
3. Erde
4. Mars
5. Jupiter
6. Saturn
7. Uranus
8. Neptun

2 a) Die roten Anfangsbuchstaben in Karlos Merkspruch stehen für die acht Planeten. Prüfe, ob du sie in **1** (von der Sonne aus betrachtet) richtig geordnet hast.

b) Fällt dir ein eigener Merkspruch ein? Schreibe ihn in dein Heft.

3 Welcher Planet ist 4-mal so groß wie die Erde?
Löse das Rätsel. *Tipp*: Das Bild auf Seite 70 hilft dir.

a) größter Planet: ☐ ☐1 ☐ ☐ ☐ ☐ ☐

b) „Roter Planet“: ☐ ☐ ☐2 ☐6

c) Planet mit Ring: ☐ ☐3 ☐ ☐5 ☐ ☐4

Lösung: ☐1 ☐2 ☐3 ☐4 ☐5 ☐6

4 Stell dir vor, Karlo und Konfetti
landen auf einem fremden Planeten.
Was sie dort wohl erwartet?

____

____

____

____

____

5 Jeder Planet steht für eine Zahl.
Findest du die gesuchten Zahlen?
Tipp: Sie sind kleiner als 10.

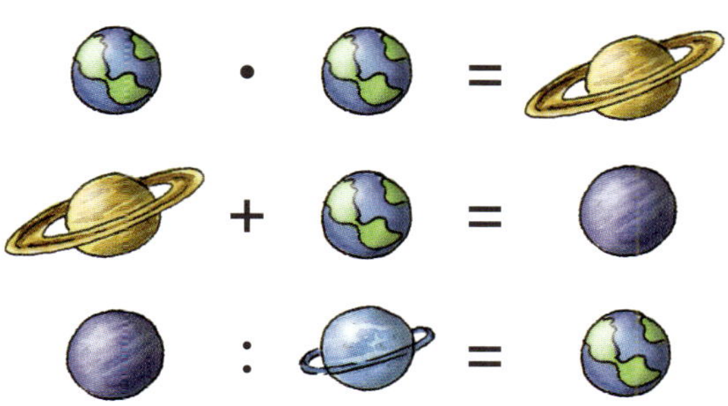

Sonne, Mond und Sterne

1 Die Sonne ist die Voraussetzung für das Leben auf der Erde. Durch das Zusammenspiel von Sonne und Erde entstehen auch die Jahreszeiten. Finde dazu die acht Expertenwörter.

L	B	E	S	T	F	G	Z	S	E	F	A	T	R
E	F	C	R	N	E	I	G	U	N	G	I	C	F
K	S	O	N	N	E	B	X	E	Z	T	R	B	S
P	H	D	U	M	I	Z	L	D	P	O	X	D	T
T	J	Z	N	B	A	E	F	H	M	L	F	Q	R
F	S	W	T	C	G	R	H	A	T	C	M	P	A
R	E	P	M	V	E	D	K	L	P	E	L	B	H
L	N	O	R	D	H	A	L	B	K	U	G	E	L
O	K	M	G	V	E	C	T	K	S	Y	A	D	E
N	R	P	L	Q	O	H	K	U	B	F	K	Z	N
K	E	F	R	G	L	S	C	G	E	C	L	A	B
J	C	I	B	H	D	E	B	E	T	O	J	P	N
F	H	M	E	R	J	H	B	L	X	U	U	F	O
L	T	G	U	M	R	U	N	D	E	N	C	F	P

→ Neigung, Sonne, Nordhalbkugel, umrunden, ↓ senkrecht, Erdachse, Südhalbkugel, Strahlen

2 Wie erklärst du dir die Entstehung der Jahreszeiten? Schaue dir das Bild genau an und schreibe eine Erklärung in dein Heft. *Tipp*: Die Wörter aus Aufgabe 1 helfen dir.

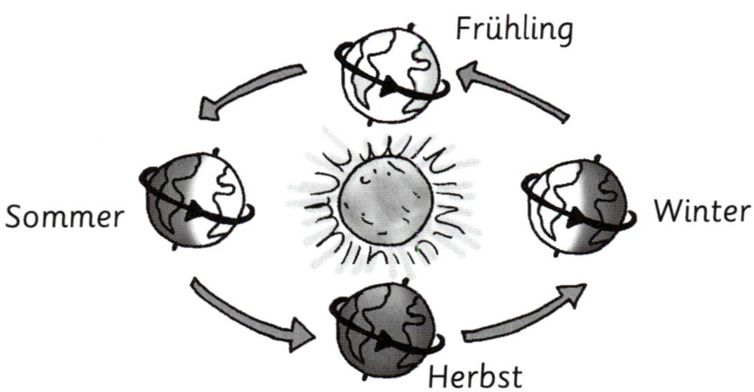

Die Erde umrundet in einem Jahr die Sonne. Durch die Neigung der Erdachse steht manchmal die Nordhalbkugel, manchmal die Südhalbkugel näher der Sonne. Deshalb gibt es die Jahreszeiten. Wenn die Strahlen fast senkrecht (↓) auf die Erde fallen, haben wir Sommer.

Wusstest du schon, dass …

… sich Planeten und Sterne gegenseitig anziehen?
Diese Anziehungskraft nennt man auch Schwerkraft.
Wegen der geringen Schwerkraft wiegt auf dem
Mond alles nur ein Sechstel im Vergleich zur Erde.

3 Der Koffer eines Astronauten darf auf dem Mond nur 10 kg schwer sein. Wie viel kg wiegt der Koffer auf der Erde?

Gewicht des Koffers: ______ kg

4 Von der Erde aus kann man mit einem Fernrohr viele Krater und sogar Gebirgszüge auf dem Mond erkennen: Zwei blaue Steine sind so schwer wie ein gelber Stein. Vier grüne Steine sind so schwer wie ein blauer Stein. Wie viele grüne Steine sind so schwer wie drei gelbe Steine?

____

____

5 Wenn du die Punkte einer Zahlenfolge (beginnend mit 13) richtig verbindest, siehst du ein bekanntes Sternbild. Weißt du, wie es heißt? Informiere dich in einem Sachbuch.

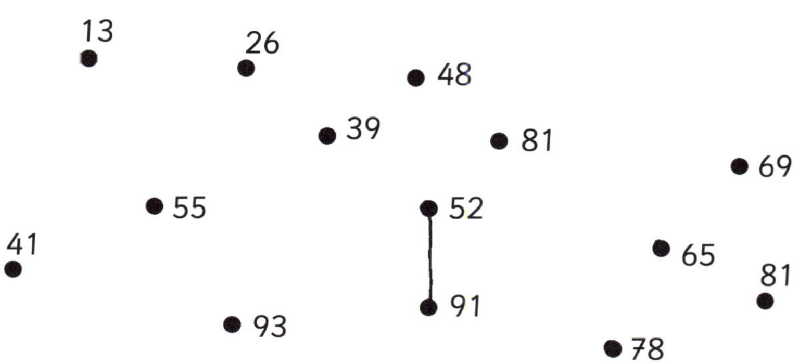

Mach mit!

Experiment: Macht der Planetenkräfte

Die Planeten kreisen auf eiförmigen Bahnen um die Sonne. Diese zieht die acht Planeten wie ein riesiger Magnet an. Welche Kräfte auf sie wirken, kannst du in einem Experiment im Freien ausprobieren.

Was, meinst du, passiert, wenn du eine Plastiktüte, gefüllt mit Wasser, seitlich von dir im Kreis schleuderst?

Probiere es jetzt aus: Nimm einen Faden und knote die Enden an der Plastiktüte fest. Fülle die Tüte fast ganz voll mit Wasser. Nimm nun die Schnur am Knoten in die Hand und schleudere die Tüte seitlich von dir im Kreis. Werde dabei immer schneller.

Was beobachtest du? Ist deine Vermutung richtig? Wie kannst du dir deine Beobachtung erklären?

Wenn du die Tüte ganz schnell kreisen lässt, läuft das Wasser nicht aus dem Beutel. Durch die Kreisbewegung wirkt eine Kraft auf das Wasser. Sie drückt das Wasser gegen die Innenseite des Beutels. Zugleich hältst du die Tüte fest. So kann sie nicht wegfliegen.

► Galilei, ein italienischer Forscher, machte schon vor mehr als 400 Jahren eine erstaunliche Entdeckung mit dem Fernrohr. Welche? Entschlüssele das Morse-Alphabet.

A	B	C	D	E	F	G	H	I
· –	– · · ·	– · – ·	– · ·	·	· · – ·	– – ·	· · · ·	· ·
J	**K**	**L**	**M**	**N**	**O**	**P**	**Q**	**R**
· – – –	– · –	· – · ·	– –	– ·	– – –	· – – ·	– – · –	· – ·
S	**T**	**U**	**V**	**W**	**X**	**Y**	**Z**	
· · ·	–	· · –	· · · –	· – –	– · · –	– · – –	– – · ·	

· – | · · – | · · – ·   – · · | · | – –   – – | – – – | – · | – · ·

– – · | · · | – · · · | –   · | · · ·   – – · | · | – · · · | · · | · – · | – – · | ·

Auf dem Mond gibt es Gebirge.

► **Die Mondphasen**

Mal ist er ganz, mal gar nicht, mal nur als Sichel zu sehen: Der Mond zeigt jeden Tag ein anderes Gesicht.

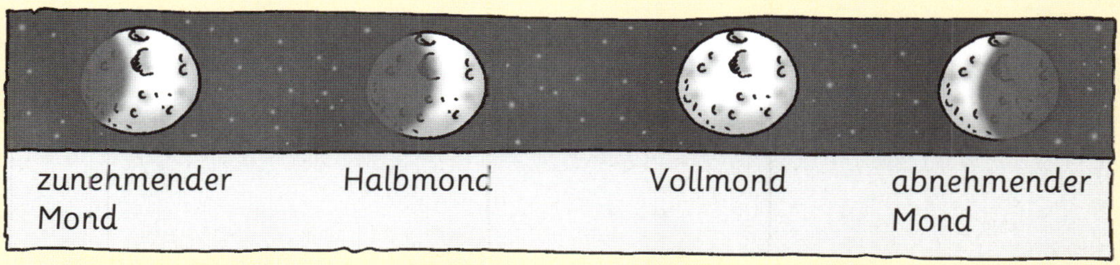

Beobachte in den nächsten Tagen einmal den Mond:

1. Wann steht er im Vollmond, wann nimmt er ab?
2. Wann siehst du den Halbmond?
3. Nach wie vielen Tagen nimmt der Mond wieder zu?

Donnerwetter und Blitzgewitter

1 Lies Karlos Haiku über das Gewitter.
Wie ist das Gedicht aufgebaut?
Zähle die Silben in jeder Zeile.

Das Gewitter

1 Es blitzt und donnert.
2 Karlo fürchtet sich schrecklich.
3 Sein Haus bietet Schutz.

Silben:

_____
_____
_____

2 Denke dir selbst ein Haiku über ein Naturerlebnis aus und schreibe es ins Heft. Achte auf die richtige Silbenanzahl.

3 Ergänze die fehlenden Zahlen in den Regenwolken.

4 In die Zahlenfelder hat ein Blitz eingeschlagen.
Welche Zahlen hat der Blitz verbrannt?
Die Summe der Zahlen in einer Zeile, in einer Spalte und in einer diagonalen Reihe ergibt jeweils 54.

13	12		
20	9	14	
11		13	12

	13	18	
20	13		9
7			18
18	18	5	

5 Weißt du, warum es zwischen Blitz und Donner immer ein paar Sekunden dauert? Entschlüssele den Text.
Tipp: Jeder Tropfen steht für einen Selbstlaut oder Doppellaut.

Eig__ntl__ch __rf__lg__n Bl__tz __nd
D__nn__r __mm__r zur s__lb__n Z__it.
D__s L__cht d__s Bl__tz__s v__rbr__tet s__ch
m__t __n__r L__chtg__schw__nd__gk__t v__n
300 000 K__l__m__t__rn pr__ S__k__nd__,
d__r Sch__ll d__g__g__n n__r m__t r__nd
300 M__t__rn pr__ S__k__nd__. D__sh__lb
s__hst d__ __rst d__n Bl__tz __nd h__rst
d__nn d__n D__nn__r.

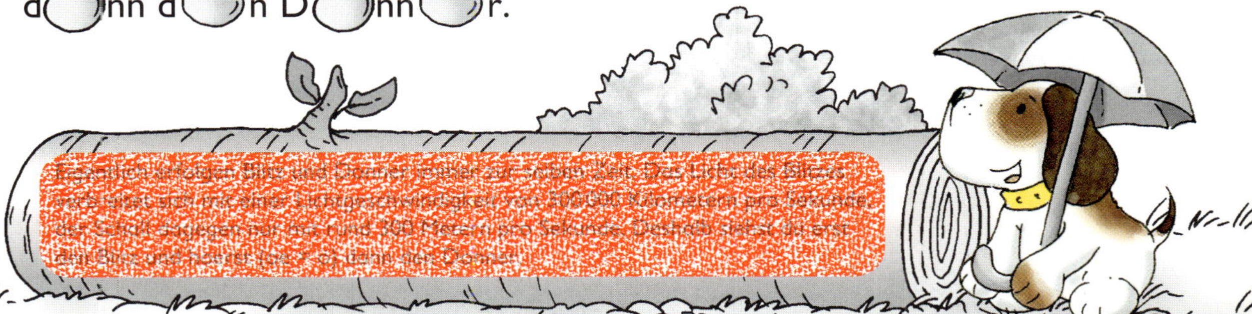

Eigentlich erfolgen Blitz und Donner immer zur selben Zeit. Das Licht des Blitzes verbreitet sich mit einer Lichtgeschwindigkeit von 300 000 Kilometern pro Sekunde, der Schall dagegen nur mit rund 300 Metern pro Sekunde. Deshalb siehst du erst den Blitz und hoerst (oe = ö) dann den Donner.

6 Streiche jeweils drei Ziffern mit einem Blitz durch.
Die dreistellige Zahl, die dabei übrig bleibt,
soll, ohne dass Ziffern umgestellt werden,

a) möglichst klein sein: 724 652

b) möglichst klein und durch 5 teilbar sein: 724 652

c) möglichst groß und gerade sein: 724 652

a) 242 b) 245
c) 752

2 Wenn die Erde Feuer spuckt

1 Welche Wörter speit der Vulkan? Setze die Silben, wo nötig, richtig zusammen und ordne jeder Zahl das richtige Wort zu.

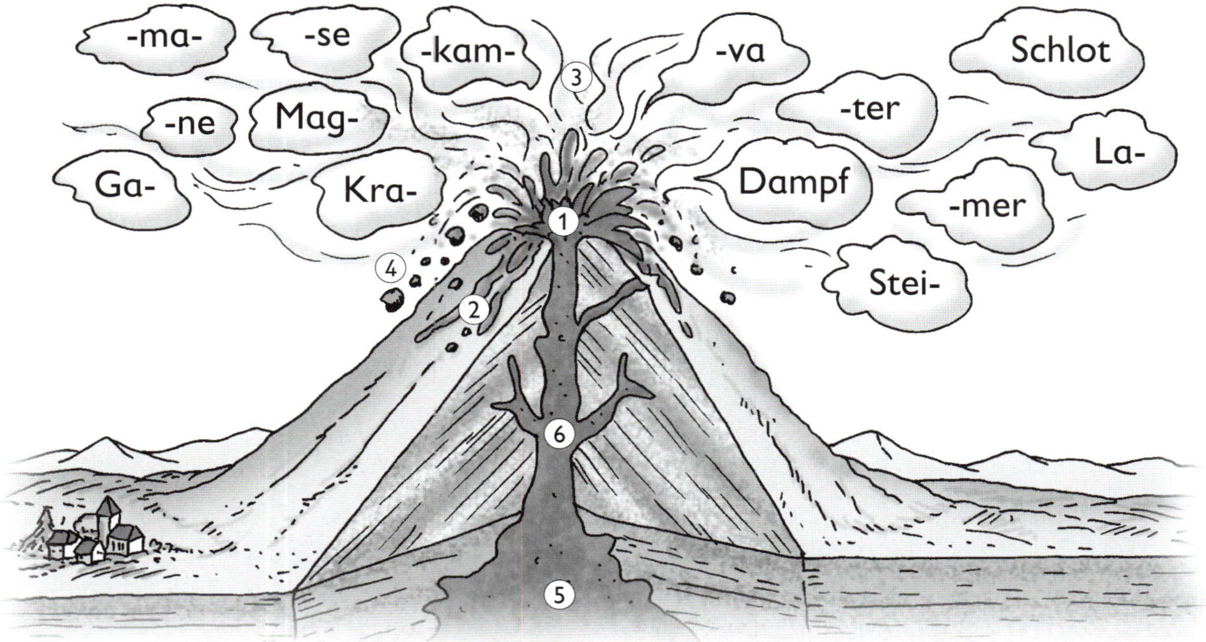

[redacted]

Wusstest du schon, dass …

… auf der Erde einige Hundert Vulkane aktiv sind? Der „Kilauea" auf der Insel Hawaii ist einer der aktivsten Vulkane der Erde. Seit über 25 Jahren speit er ununterbrochen Lava aus. Die zähflüssige Lava wird dabei bis zu 1 200 °C (Celsius) heiß.

2 Um das Wievielfache ist die Lava heißer als deine Körpertemperatur (etwa 35 °C)? Rechne mit gerundeten Zahlen im Kopf.

[redacted]

3 Ordne die Vulkane der Größe nach (von groß nach klein).

Der Vesuv ist nicht der kleinste und nicht der größte Vulkan.
Der Stromboli ist höher als der Vulcano und kleiner als der Ätna.
Der Vulcano ist nicht größer als der Ätna und der Vesuv.
Der Ätna ist eindeutig höher als der Vesuv.

____

____

4 In Deutschland gibt es viele erloschene Vulkane.
Den Namen von vier Vulkanen findest du heraus,
wenn du ein wenig um die Ecke denkst.

1. Märchentier, das Feuer spuckt / großer Stein
2. Haustier mit vier Beinen / Gegenteil von Hohlkreuz
3. mehr als ein König / einfache Sitzgelegenheit
4. berühmte Märchenzahl / einheimischer Laubbaum

1. ______________ 2. ______________

3. ______________ 4. ______________

5 a) Welchen Zusammenhang kannst du im Zahlenvulkan entdecken?
b) Denke dir eigene Zahlenvulkane aus.

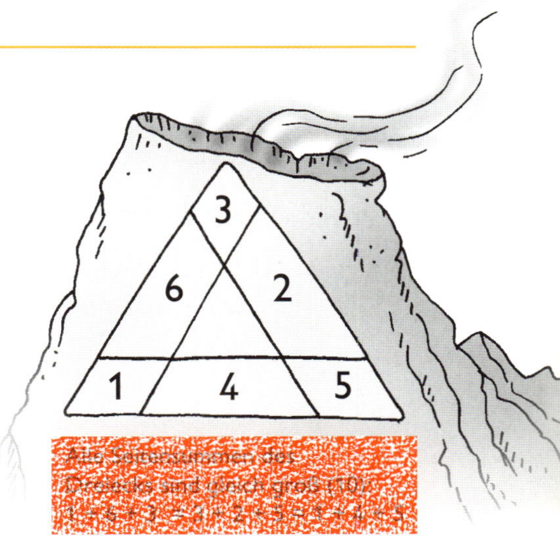

____

____

____

Die Erde bebt

1 Wie ein Erdbeben entsteht, erfährst du, wenn du die Wörter unten markierst und passend in die Lücken einträgst.

Die Erde besteht aus verschiedenen ________________, die sich ständig bewegen. Es bauen sich gewaltige ________________ auf, sobald sich die Platten ________________ schieben oder sich ineinander ________________.

Wenn die Spannungen zu groß werden und die Platten ________________, kommt es zu einem Erdbeben.

BLVERHAKENLBTPLATTENVUNACHGEBENOP
NZUSPANNUNGENZTOLÜBEREINANDERKITG

[redacted]

2 Die Erdbebenstärke wird in der Richterskala angegeben. Sie reicht von 1–9, wobei Stärke 1 die geringste Stufe ist. Lies genau. Bringe die Angaben in die richtige Reihenfolge.

[redacted]

2	Kaum bemerkbar
	Erhebliche Gebäudeschäden, Verletzungsgefahr
	Möbel bewegen sich, Risse in Wänden
	Verheerende Verwüstungen, Todesopfer
	Einstürzende Gebäude, Lebensgefahr
1	Nur durch Instrumente nachweisbar
	Nur leichte Erschütterung
	Klapperndes Geschirr, leicht schaukelnde Autos
	Zerstörung ganzer Landschaften, Vernichtung von Leben

3 Hier hat ein Erdbeben getobt, sodass einige Risse in den Zahlenmauern entstanden sind. Die Summe zweier Steine ergibt den darüberliegenden Stein.

[redacted] [redacted]

4 a) Um die Menschen vor verheerenden Erdbeben zu warnen, werden Erdbewegungen mit einem Instrument gemessen. Willst du wissen, wie es heißt? Dann knacke den Zahlencode.

12 33 35 12 55 53 –
41 21 24 42

S ______________ [redacted]

	1	2	3	4	5
1	Ö	S	T	K	N
2	R	U	P	A	L
3	W	Z	E	V	I
4	G	F	H	C	D
5	B	X	O	J	M

b) Was können Erdbeben auf dem Meeresgrund auslösen? Entschlüssele das Wort.

13 12 22 15 24 55 35

______________ [redacted]

5 Erfinde eigene Wörter. Schreibe sie verschlüsselt ins Heft.

Mach mit!

Experiment: Flaschenvulkan

Im Fernsehen hast du bestimmt schon einmal einen Vulkanausbruch gesehen. Baue dir in der Badewanne einen eigenen Flaschenvulkan.

Du brauchst:
leere Literflasche,
Wasser, Messbecher,
Essig, Spülmittel,
Backpulver.

Stelle die Flasche in die Badewanne und fülle 500 ml Wasser und 250 ml Essig ab. Gib einige Spritzer Spülmittel hinzu.

Was passiert, wenn du das Backpulver in die Flasche gibst?
Schreibe deine Beobachtung auf.

Hast du eine Erklärung, warum dies so passiert?

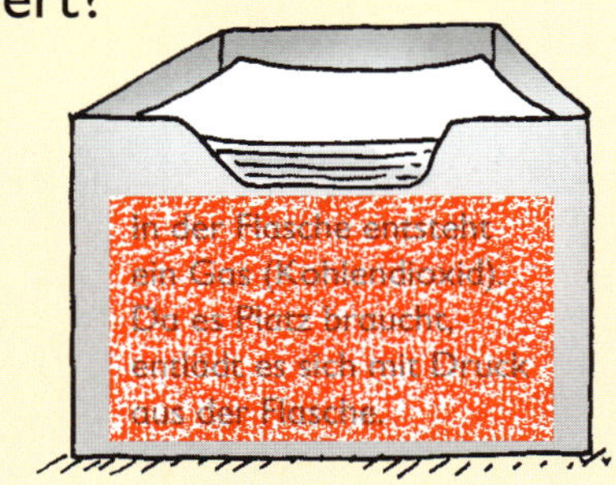

Experiment: Blitze

Durch Reibung entsteht Elektrizität, die sich in Form von Blitzen entlädt. Auch du kannst kleine Blitze erzeugen: Reibe kräftig an einem Wollpulli und ziehe diesen in einem abgedunkelten Raum aus. Was passiert dabei?

▶ Beim nächsten Gewitter kannst du ganz leicht ausrechnen, wie weit dieses von dir entfernt ist.

1. Zähle die Sekunden zwischen Blitz und Donner.
2. Teile danach die Anzahl der Sekunden (s) durch drei.
3. Das Ergebnis nennt dir, wie viele Kilometer (km) das Gewitter entfernt ist.

a) Zwischen Blitz und Donner vergehen 33 s. Wie weit ist das Gewitter entfernt?

b) Wie viele s vergehen, wenn das Gewitter 47 km entfernt ist?

▶ **Blitzgewitter**
Auf blauem Papier kannst du eigene Blitze gestalten.
Du brauchst: blaues Papier, gelbe Wasserfarben, Pinsel, Becher mit Wasser, Strohhalm, Zeitungspapier.

Decke deinen Arbeitsplatz mit Zeitungspapier ab und lege das blaue Papier auf. Rühre mit dem Pinsel das Gelb kräftig an und tropfe es auf das blaue Blatt Papier.

Halte den Strohhalm so, dass er in die Richtung zeigt, in welche die Farbe laufen soll. Puste durch den Strohhalm: Es bilden sich schöne Blitze. Lass dein Bild gut trocknen.

Am See

[redacted]

1 Welche Vögel sind hier gemeint?
Immer zwei Bilder ergeben ein Wort.
Setze sie richtig zusammen.

2 Welche Tiere leben noch am See? Schreibe sie mit ihrem Begleiter auf. *Tipp*: Hier sind die Selbstlaute vertauscht.

[redacted]

3 Schaffst du es, die Wörterkette fortzusetzen?
Aufgepasst: Das Grundwort wird zum Bestimmungswort.

Stockente – Ententeich –

4 Schau dir die Vogeleier genau an und merke dir, welcher Buchstabe für welche Zahl steht. Decke nun die Eier ab und rechne die Aufgaben.

a) A + B = ______

b) A + A = ______

c) E – ______ = C

d) AC – AA = ______

e) AC – B = ______

f) E – D – ______ = A

5 a) Welches Zahlenmuster entdeckst du in den Teichmuscheln?

____

____

b) Male jeweils die beiden Teichmuscheln, die zusammengehören, in derselben Farbe aus.

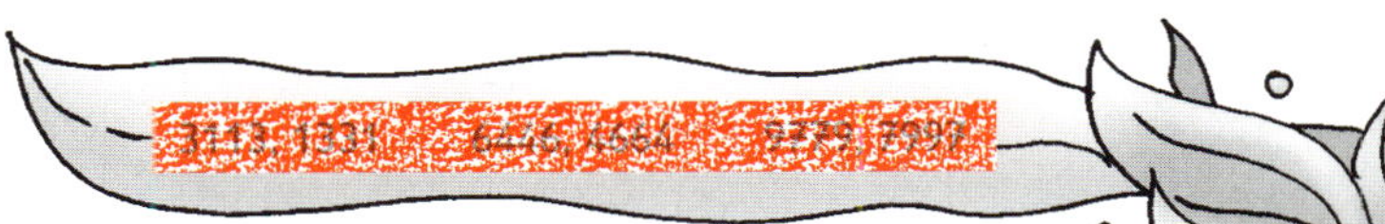

c) Subtrahiere bei einem Muschelpaar jeweils die kleinere Zahl von der größeren. Was fällt dir auf? Schreibe in dein Heft.

Allerlei Wasserbewohner

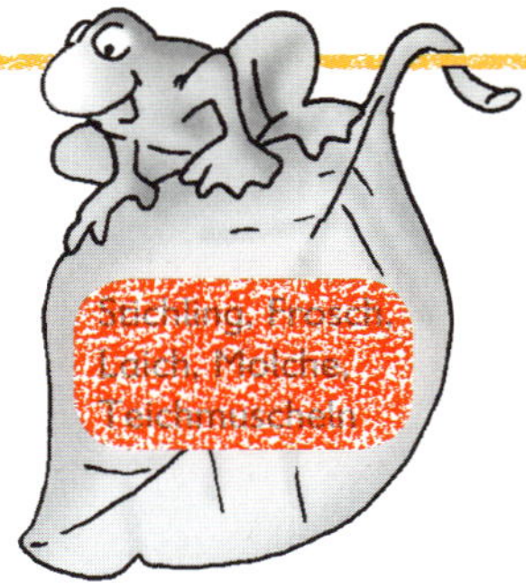

1 Ob im See, im Teich oder Weiher – am Wasser ist eine Menge los. Trage ein, welche Tiere sich im Text verstecken. *Tipp*: Die Wörter sind jeweils um einen Buchstaben im Alphabet verschoben.

Unter Wasser gibt es viele Fische. Einer von ihnen ist der Tujdimjoh St____________. Am Ufer kannst du manchmal einen Gsptdi ____________ sehen. Seinen Mbjdi ____________ wirst du nicht zu Gesicht bekommen. Dieser sinkt auf den Grund. In vielen Seen gibt es auch Npmdif ____________ und Ufjdinvtdifmo ____________.

2 Welcher Froschlaich passt zu welcher Malaufgabe? Schau genau und verbinde.

①
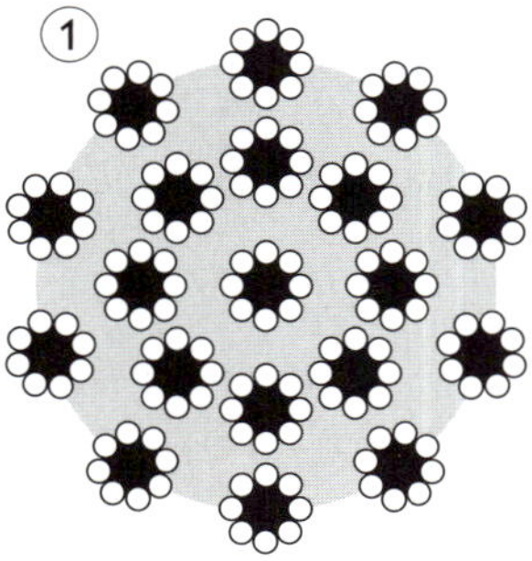

②
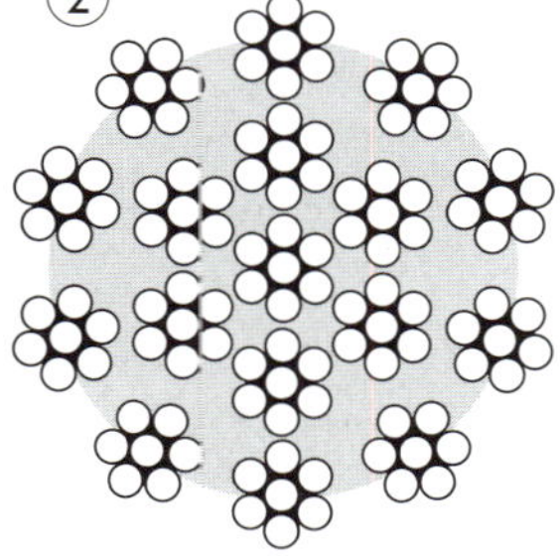

③
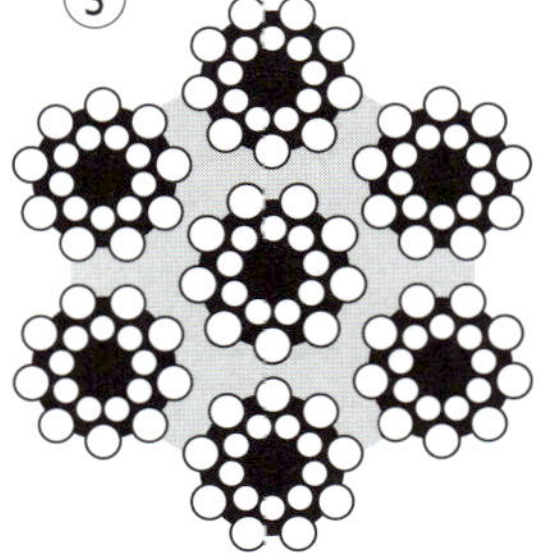

④
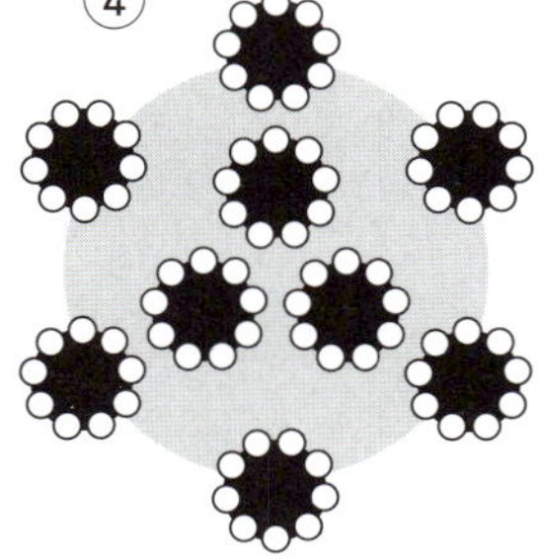

3 Vom Laich zum Frosch:
Trage die richtige Zahl
passend zum Bild ein.

1. Laich
2. Kaulquappe, Kiemenbüschel außen
3. Kaulquappe, innere Kiemen
4. Kaulquappe, Hinterbeine
5. Kaulquappe, Vorderbeine
6. Schwanz bildet sich zurück, fertiger Frosch geht an Land, atmet durch Lungen

4 Der Wasserläufer läuft vom Start zum Ziel. Zeichne seinen Weg so ein, dass die Summe der Felder genau 40 ist.

3 Was blüht denn da?

1 Lies dir den Steckbrief zur Seerose gut durch. Schreibe einen Sachtext mit den wichtigsten Informationen über die Seerose in dein Heft.

Seerose
- Wasserrose (Nymphaea)
- Wasserpflanze mit kriechendem Wurzelstock
- tellergroße Schwimmblätter
- Blüten rosenähnlich und schwimmend
- in Europa meist „Weiße Seerose“ mit weißen Blüten
- Blüten sind ca. 15 cm breit und vielblättrig

2 Welche Rechenzeichen fehlen? Ergänze.

a) 5 ___ 17 ___ 54 ___ 45 = 94

b) 8 ___ 8 ___ 16 ___ 4 = 52

3 Zwei Wasser-Schwertlilien sind genau gleich. Welche? [redacted]

① ② ③ ④ ⑤ ⑥ ⑦ ⑧ ⑨

4 a) Bilde aus den einzelnen Buchstaben der Blume einen lustigen Satz.

Heute Abend

b) Schreibe HAHNENFUSS von oben nach unten ins Heft. Zu wie vielen Buchstaben findest du neue Pflanzennamen?

5 a) Die Sumpfdotterblume ist in Wirklichkeit 12-mal so groß wie abgebildet (Maßstab 1 : 12). Wie viele cm misst sie tatsächlich?

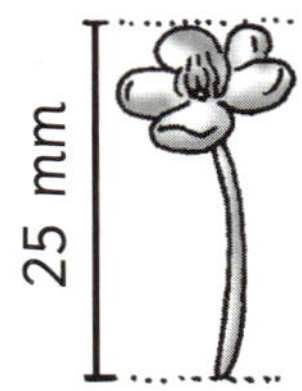

b) Berechne die Größe der Pflanzen.

Maßstab 1 : 100	Maßstab 1 : 30	Maßstab 1 : 45
[redacted]	[redacted]	[redacted]

Mach mit! 

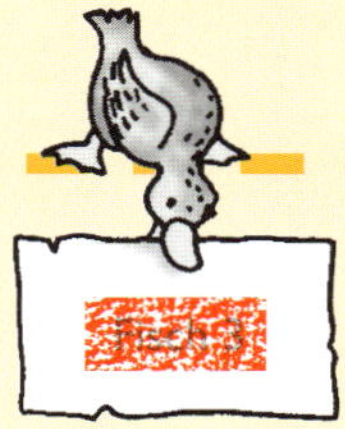

► Welchen Fisch fängt der Haubentaucher?
Folge den Linien nur mit deinen Augen.

► Die abgebildeten Pflanzen wachsen auf einer Wiese.
Versuche mithilfe eines Bestimmungsbuches den Namen der fünf Wiesenblumen zu bestimmen.
Tipp: Achte besonders auf die Blütenfarbe und -form.

Seerose im Teich

Hast du Lust, dir deine eigene Seerose zu basteln?
Du brauchst: Buntstifte, Papier, Schere, Schüssel mit Wasser.

Pause zunächst die Vorlage ab. Male die Blüte und die Blütenblätter mit Buntstiften an. Schneide dann die Blütenblätter aus und knicke sie an den gestrichelten Linien nach und nach zur Mitte ein. Setze die Seerose nun in eine Schüssel mit Wasser.

Was passiert nach einer Weile?

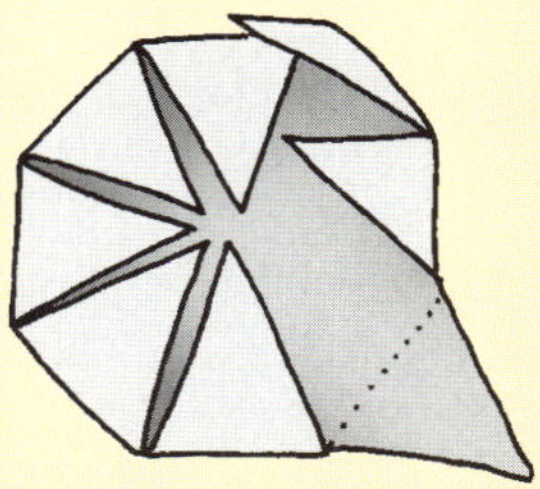

Hast du für deine Beobachtung eine Erklärung?

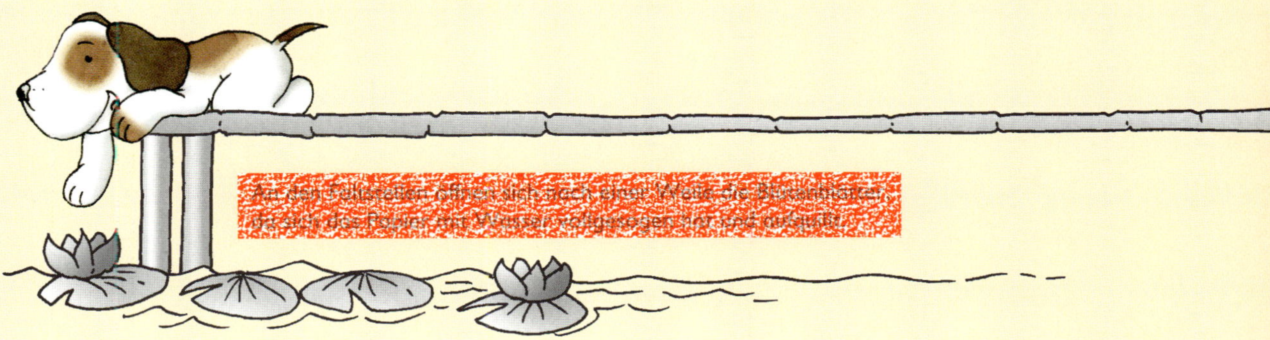

An den Faltstellen öffnen sich nach einer Weile die Blütenblätter, da sich das Papier mit Wasser vollgesogen hat und aufquillt.

4

Hier und anderswo

1 a) Bei uns leben viele Menschen aus anderen Ländern. Sie unterscheiden sich durch Sprache, Religion und Sitten. Schau dir die Kinder auf dem linken Bild genau an. Kreise ein, was sich auf dem rechten Bild verändert hat.

b) Jedes der Kinder auf dem Bild gibt dem anderen die Hand. Rechne im Heft: Wie oft werden die Hände geschüttelt?

2 Finde heraus, wo Kinder in anderen Ländern wohnen. Bringe die Buchstaben in die richtige Reihenfolge und verbinde die Ländernamen mit dem passenden Bild.

RO**M**AOKK HA**C**IN LNDA**G**NRÖ **K**EIAN

3 a) Kannst du diese Schrift entziffern? Karlos Info hilft dir.

.TLA ERHAJ THCA NIB DNU DEMMAHOM ESSIEH HCI
EBEL NRETSIWHCSEG FNÜF DNU NRETLE NENIEM TIM
NRETLE ENIEM .ORIAK TDATS RED EDNAR MA HCI
.GAT NEZNAG NED NETIEBRA DNU NREUAB EMRA DNIS
DNU NEFLEH TIEBRADLEF RED IEB SSUM HCI HCUA
,TIEZ ENIEK REDIEL TBIELB OS .EFAHCS EID ETÜH
HCI EDRÜW IEBAD .NEHEG UZ ELUHCS EID NI MU
!NENREL NEBIERHCS DNU NESEL ENREG OS HCOD

b) In welchem Land lebt Mohammed? Schlage im Atlas nach.

____

4 Teile das Feld durch zwei gerade Linien so auf, dass in jedem Feld gleich viele Schafe sind.

4 Eine Reise durch Europa

1 Aus welchem Land kommen die Kinder? Trage die Ländernamen in die Kästchen ein. Die Buchstaben in den blauen Kästchen ergeben den Namen einer bekannten Stadt.

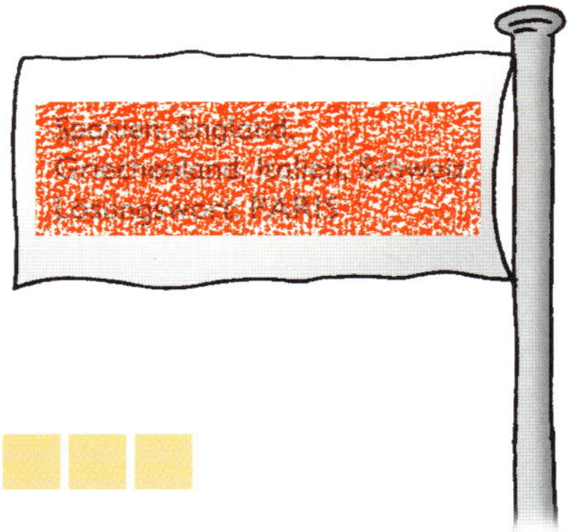

a) Fabio: „Stierkämpfe sind in meinem Land sehr beliebt."

b) Jenny: „Ein großer Fluss in unserem Land heißt Themse."

c) Kosta: „In meinem Land holt man das olympische Feuer."

d) Maria: „Bei uns steht ein ganz schiefer Turm."

e) Urs: „In meinem Land bezahlt man mit Franken."

2 In Europa leben viele Menschen. Schau dir das Schaubild auf der Seite unten genau an und beantworte die Fragen.

a) Welches Land hat halb so viele Einwohner wie Schweden?

b) Wo leben doppelt so viele Menschen wie in Dänemark?

c) Welches Land hat viermal so viele Einwohner wie Lettland?

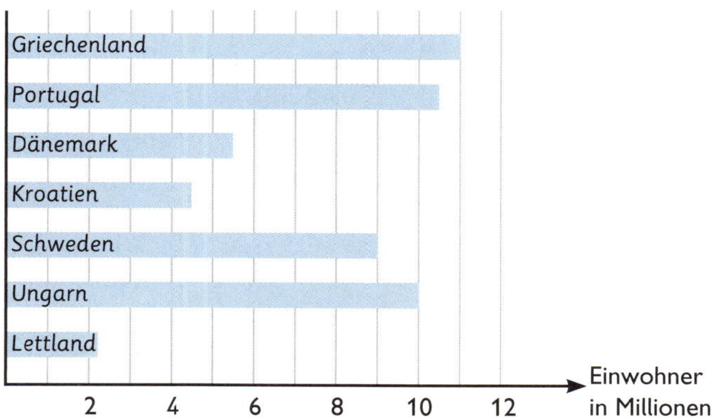

a) ______________________

b) ______________________

c) ______________________

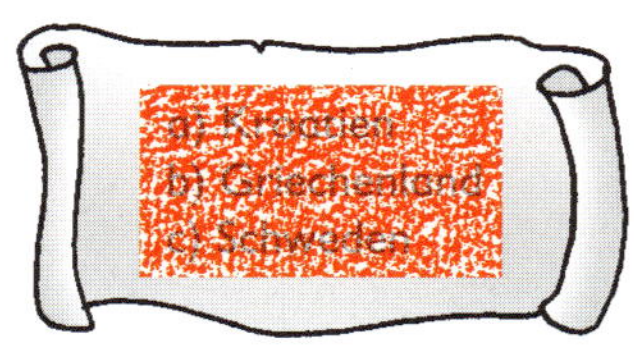

3 Schau dir die Zahlen auf den Fähnchen genau an.
Welche Zahl passt nicht dazu? Streiche durch und begründe.

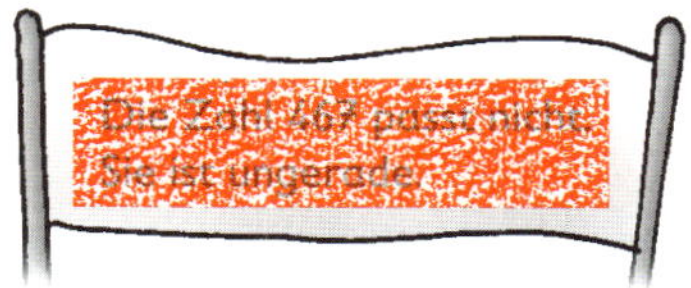

4 Welche Sprache wird in welcher Stadt gesprochen?
Verbinde. Wie heißt das Lösungswort?

Griechisch	Amsterdam (A)
Schwedisch	Rom (R)
Italienisch	Madrid (P)
Englisch	Stockholm (U)
Spanisch	London (O)
Niederländisch	Athen (E)

EUROPA

5 In den meisten Ländern Europas bezahlt man mit Euro und Cent.
Die 16 Münzen sollen so auf die Felder verteilt werden, dass in jeder Viererreihe (senkrecht, waagrecht und diagonal) nur eine Münze von jedem Wert liegt.
Zeichne deine Lösung ins Heft auf.

Lösung: Seite 116

Asien – ein geheimnisvoller Kontinent

1 a) Was bedeuten diese Schriftzeichen? Rate und verbinde.

① 雨 ② 馬 ③ 木 ④ 龍

Baum   Regen   Drache   Pferd

Wusstest du schon, dass …

… es in China über 50 000 verschiedene Schriftzeichen gibt? Sie werden von oben nach unten geschrieben und meist von links nach rechts angeordnet.

b) Male ein Blatt Papier mit Wachsmalstiften schwarz an. Ritze mit einem spitzen Stäbchen die Schriftzeichen ein.

2 Die Chinesische Mauer ist mit einer Länge von 6 350 km das größte Bauwerk der Welt. Kannst du die Aufgaben lösen?

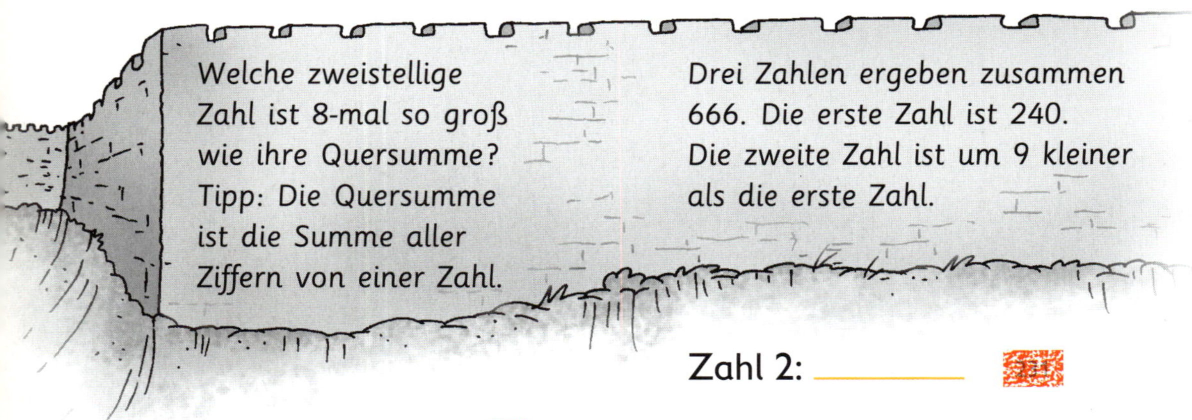

Welche zweistellige Zahl ist 8-mal so groß wie ihre Quersumme? Tipp: Die Quersumme ist die Summe aller Ziffern von einer Zahl.

Zahl: ________

Drei Zahlen ergeben zusammen 666. Die erste Zahl ist 240. Die zweite Zahl ist um 9 kleiner als die erste Zahl.

Zahl 2: ________

Zahl 3: ________

❸ a) Kannst du den Text entziffern?
Markiere die Silben farbig im Text
und ersetze sie durch die Selbstlaute.
Schreibe den Text richtig in dein Heft.

Schnunn swulint mwuhr shils 3 000 Jshihrwun wusswun dlinwu Chlinnwuswun mlint Stäbchwun. Wlinwu dshis wnunhl bwulin Stamppwu gwuht? Dlinwu schlürfwun dlinwu Chlinnwuswun shitams Schälchwun. Shitamch Schmshitzwun tamnd Rülpswun slinnd wurlshitambt. Wwur höfllinch swulinn wlinll, lässt snungshir wulinnwun Rwust shitamf dwum Twullwur übrling.

Schon seit mehr als 3000 Jahren essen die Chinesen mit Stäbchen. Wie das wohl bei Suppe geht? Die schlürfen die Chinesen aus Schälchen. Auch Schmatzen und Rülpsen sind erlaubt. Wer höflich sein will, lässt sogar einen Rest auf dem Teller übrig.

b) Verschlüssele auf diese Weise auch eigene Texte.
Für Leseprofis: Kannst du die Texte fehlerfrei lesen?

4 Ergänze die leeren Sudoku-Felder mit einem Bleistift so, dass in jeder Zeile, in jeder Spalte und in jedem kleinen Quadrat jede Ziffer von 1–9 genau einmal vorkommt.

1	8	9			5			
	6		3	1	9	5	7	8
3	7	5	8					1
6		2	5		4	7	3	
		7	2		3	4		
	4	3	7		1	8		5
5					7	1	6	4
4	3	6	1	2	8		5	
			4			3	8	2

	3	4		7		2	5	
9		5	1		4	7		8
6	7			2			4	3
	5						7	
1		9				6		5
	6						1	
5	1			6			9	7
3		2	7		9	1		6
	9	6		1		5	3	

Figuren im Sand

Ein Spiel aus Afrika für 2 und mehr Spieler

Versucht mit einer einzigen Linie, ohne abzusetzen, ein Muster oder eine Figur in den Sand zu zeichnen. Es ist aber nicht erlaubt, auf einer schon gezogenen Linie zurückzugehen. Wer für das Muster neu ansetzt, muss eine Runde aussetzen.

Viele Lebensmittel kommen aus anderen Ländern. Schau beim Einkaufen genau hin: Findest du für jeden Kontinent Lebensmittel? Male oder schreibe sie auf.

Viele Kinder auf dieser Welt haben kein Spielzeug. Sie basteln sich Flugzeuge oder Autos aus Abfall und aus verschiedenen Naturmaterialien. Bastle dieses Spielzeug nach oder erfinde eigene Sachen.

Origami – eine japanische Faltkunst

Origami kommt aus dem Japanischen und heißt:
oru = falten und gami = Papier, also gefaltetes Papier.

Aus einem Stück quadratischen Papier kannst du eine schöne Schachtel basteln. Lies dir dazu die Anleitung genau durch.

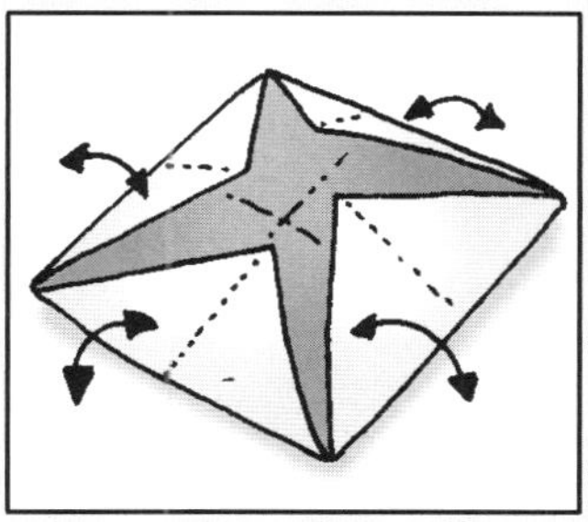

Falte die beiden Diagonalen. Falte dann alle vier Ecken zur Mitte und wieder zurück.

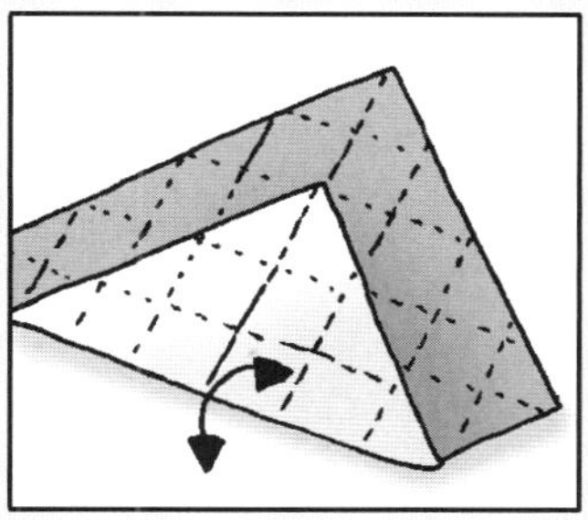

Falte jede Ecke auf den Mittelpunkt der neu entstandenen Falte und öffne wieder das Papier.

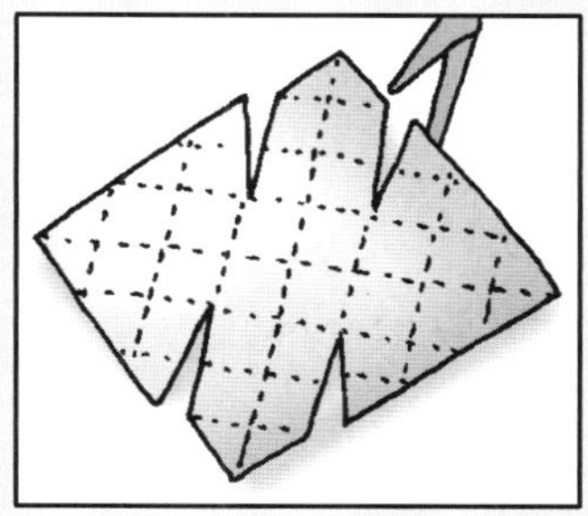

Schneide mit einer Schere das Papier wie eingezeichnet. Achte jeweils auf die Faltlinien.

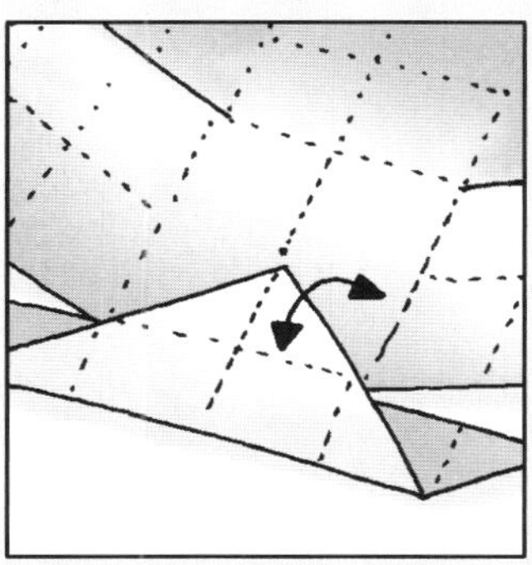

Falte die untere Ecke zur Mitte des Papiers. Wiederhole das Gleiche auf der Seite gegenüber.

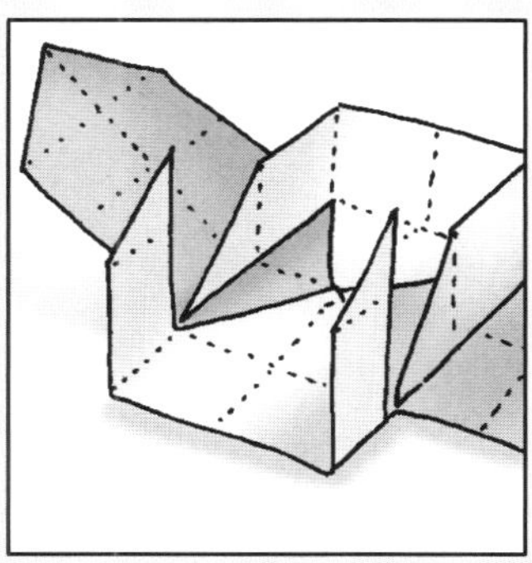

Schlage auf beiden Seiten das rechte und linke Ende ein und klappe es jeweils nach oben.

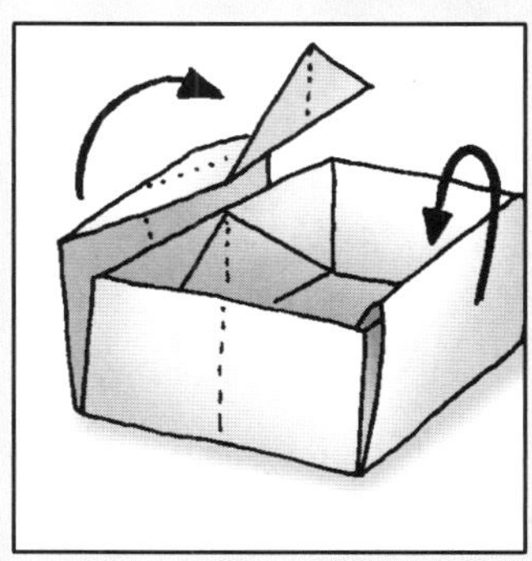

Lege die Zipfel über die Schachtelwand nach innen. Wiederhole das Ganze auch für den Deckel.

5 Fußball und Co

1 Welche Ballsportarten erkennst du? Schreibe sie auf.
Die blauen Kästchen verraten dir Karlos Lieblingssport.

1. H □ □ □ □ □ □ □
2. □ □ □ □
3. □ □ □ □ □ □ □
4. □ □ □ □ □ □ □ □ □ □
5. □ □ □ □ □ □
6. □ □ □ □ □ □ □ □ □ □

Lösungswort: H □ □ □ □ □ □

2 Wie viele Tore haben Tim und Max jeweils geschossen?

Tim: ______ Tore Max: ______ Tore

3 Ersetze von Zeile zu Zeile einen Buchstaben so, dass wieder ein neues sinnvolles Wort entsteht.

B	A	L	L
F			
H	E	L	D

T	O	R
R	O	T

4 Trage die Zahlen von 1 bis 11 in die Bälle ein.
Tipp: Jeweils 3 Ziffern auf einer Linie ergeben zusammen 18.

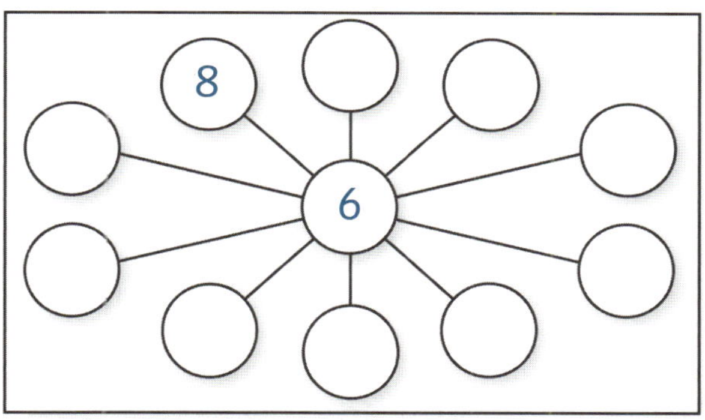

5 Beim Elfmeterschießen trifft Uli mehr Tore als Lars, aber weniger als Lasse. Tom zielt besser als Uli. Leo trifft öfter als Lasse und belegt damit Platz 2. Keine zwei Jungs treffen gleich oft auf das Tor. Wer erzielt die meisten Tore? Erstelle eine Rangliste.

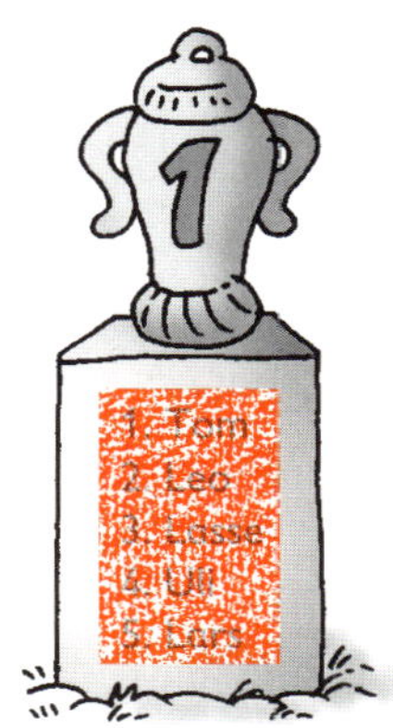

5 Übung macht den Meister!

1 Welche Sportart wird im Schaubild dargestellt? Kreuze an und begründe kurz deine Meinung.

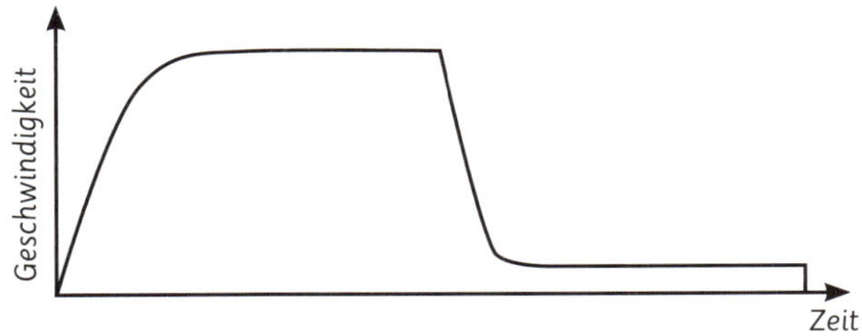

- ☐ Volleyball
- ☐ 100-m-Lauf
- ☐ Eiskunstlauf

[redacted]

[redacted]

____

____

____

2 Welche Sportart passt jeweils nicht dazu? Kreise sie ein.

a) Surfen – Tauchen – Segeln – Klettern

b) Eishockey – Reiten – Skispringen – Langlauf

c) Tennis – Basketball – Volleyball – Eishockey

d) Judo – Schwimmen – Boxen – Fechten

[redacted]

3 Male alle Vielfachen von 9 blau an. Was siehst du?

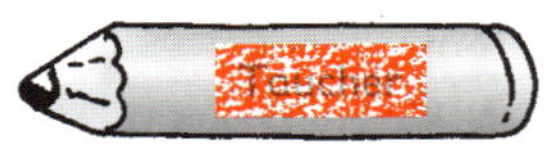

[redacted]

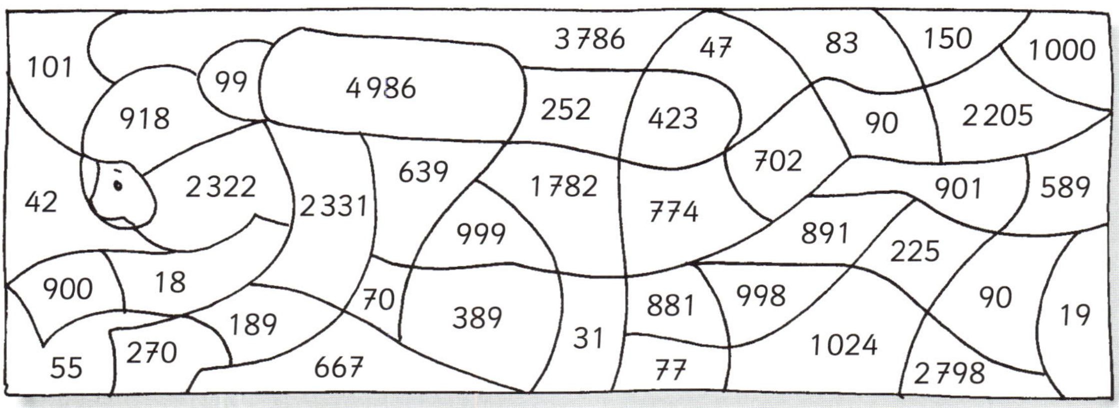

4 a) Wie muss der Reiter springen, damit sich ein Satz ergibt?
Tipp: Als Lösung erhältst du eine bekannte Redensart.

b) Weißt du, was die Redensart bedeutet?
Denke dir eine passende Geschichte dazu aus und schreibe sie in dein Heft.
Danach kannst du sie jemandem vorlesen.

5 Konfetti soll beim Waldlauf alle neun Stationen anlaufen.
Er darf jedoch nur gerade Wege laufen und nicht umdrehen.
Zeichne Konfettis Weg mit vier Strichen ein, ohne abzusetzen.

6 Konfetti überholt unterwegs den zweitschnellsten Hund.
Welchen Platz macht er?

Die Olympischen Spiele

1 Zeichne die olympischen Ringe in einem Zeichenzug – ohne mit dem Bleistift abzusetzen, ohne eine Linie doppelt oder darüber hinauszuziehen.
Tipp: Lege ein durchscheinendes Blatt Papier auf.

Wusstest du schon, dass …

… die olympischen Ringe die fünf Erdteile darstellen, die an den Olympischen Spielen teilnehmen: Europa, Australien, Asien, Afrika und Amerika? Die Farben der Ringe stehen zwar nicht für jeweils einen bestimmten Kontinent, dafür aber für die Verbundenheit der Kontinente untereinander.

2 Schau dir die Startnummern der Sportler genau an.
Kreise jeweils den Sportler ein, der nicht starten darf. Warum?

a)

b)

a) 62 ist nicht das Doppelte von 32.

b) 24 ist keine Quadratzahl.

3 Im Text haben sich einige falsche Buchstaben versteckt. Kreise sie ein und bringe sie in die richtige Reihenfolge. So erfährst du, was bei den alten Griechen beliebt war.

> Im antiken WGriechenland wurden sportliche Wettkämpfe zu Ehren des Gottes Zeus in Olaympia ausgetragen. Diese Olympischen Spiele sind seit 776 v. Chr. historisch belegt und wurden alle vier Janhre im Sommner abgehalten. Zuenächst gab es im Stadion nur den Kurzstreckenrlauf, später wurden dann auch der Fünfgkampf, bestehend aus Lauefen, Weitsprung, Diskuswurf, Speerwurf und Ringen, sowie das Pferde- und Wagenrennen hinzugenommen. Lange Zeite durften an den Wettkämpfen nurn freie männliche Griechen als Kämpfer oder Zunschauer teilnehmen.

Lösungswort: ______________________

Lies den Text noch einmal gut durch und decke ihn dann ab. Schreibe die Antworten zu folgenden Fragen in dein Heft:

a) 776 v. Chr. gab es nur einen Wettkampf, welchen?
b) Zu welcher Jahreszeit wurden die Spiele abgehalten?
c) Wer durfte bei den Spielen mitmachen?
d) Aus welchen Sportarten besteht der Fünfkampf?
e) In welcher Stadt in Griechenland fanden die Spiele statt?

Mach mit!

► **Aufwärm-Training**
Sport erfordert viel Konzentration. Mit diesen beiden Übungen kannst du deine Konzentrationsfähigkeit trainieren.

① Schaffst du es, deinen Namen zu schreiben und gleichzeitig den rechten oder linken Fuß kreisförmig zu bewegen?

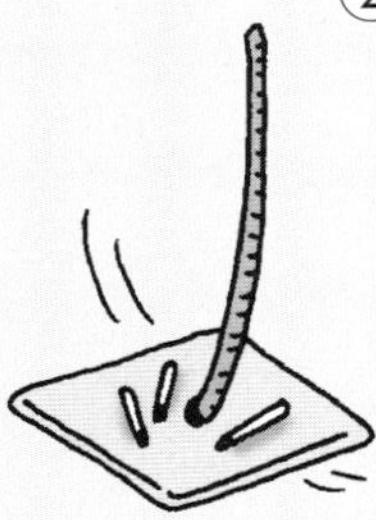

② Bohre durch die Mitte eines quadratischen Stücks Pappe ein Loch und ziehe einen Faden durch. Befestige nun den Faden an der Decke oder Lampe, sodass die Pappe in der Luft schaukelt. Versuche möglichst viele Streichhölzer auf die Pappe zu legen. Wie viele Streichhölzer bleiben liegen?

► **Sportlicher Wettkampf** (für 1 und mehr Spieler)
Diese Spiele kannst du im Freien ausprobieren.

① Markiere eine Startlinie, von der aus geworfen wird. Stelle dich auf ein Bein. Auf das andere legst du vorsichtig einen Tennisball. Versuche nun den Ball über einen Meter weit mit dem Fuß zu werfen.

② Springe von der Startlinie aus mit beiden Füßen gleichzeitig los. Wie viele cm weit springst du?

③ Stelle sechs Becher in einer Linie im Abstand von einem Meter auf. Versuche nun rückwärts im Slalom um die Becher hin- und zurückzulaufen. Schaffst du es unter einer Minute?

Experiment: Hüpfende Bälle

Du brauchst: Seiden- oder Butterbrotpapier, Trinkhalm, Wolltuch, Schere.

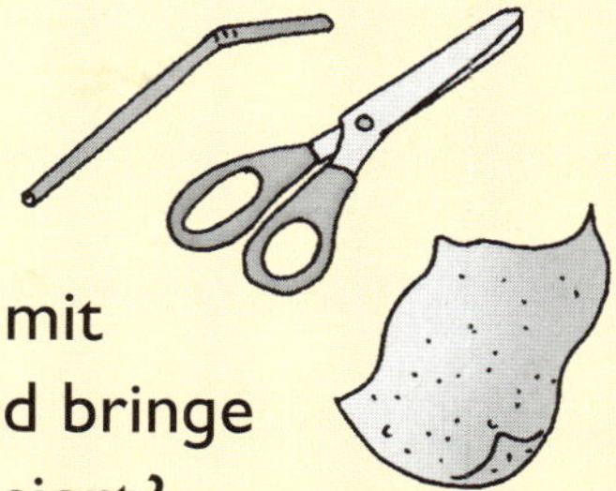

Schneide aus dem Papier kleine Bälle aus. Reibe mit dem Wolltuch mehrmals über den Trinkhalm und bringe ihn anschließend in die Nähe der Bälle. Was passiert?

Kannst du dir deine Beobachtung erklären?

Satz-Olympiade (für 2 und mehr Spieler)

Der erste Spieler beginnt mit einem Wort. Der zweite Spieler wiederholt das Wort und hängt ein neues an. Der dritte Spieler wiederholt die beiden ersten Wörter und hängt ein drittes Wort an.
So geht es reihum weiter. Wer den Satz nicht mehr verlängern kann, scheidet aus.

Denke dir einen sportlichen Satz aus. Aufgepasst: Die Wörter müssen immer mit dem gleichen Buchstaben anfangen.

Der Alltag der Römer

1 a) Kannst du den Text entschlüsseln? Schreibe ihn richtig in dein Heft und achte auf die Groß- und Kleinschreibung sowie die richtige Zeichensetzung.

Dierö mera ßenbrotb ohnenwe izenbr eiundg emüse siehat tento ngesch irrumspe isenzuz uberei tenauch me sser schüs selnu ndbec herau sbro nzeunde isenw arenü blich Inr eich enh äuserng abess ogarg lasgef äßed adierö merdiek unst desgla sblase nsbehe rrsc hten.

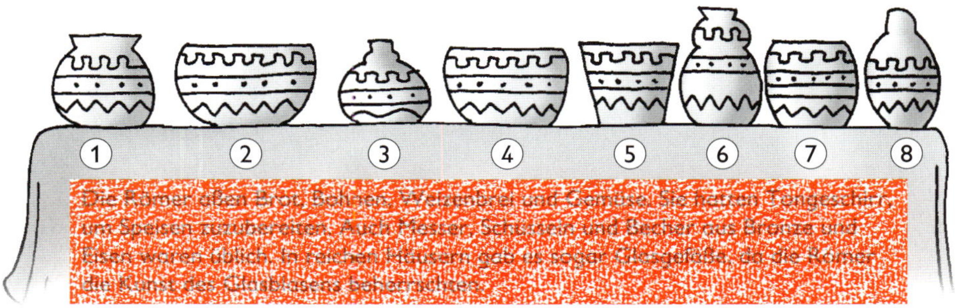

b) Welche Gefäße passen nicht dazu? Streiche sie durch.

2 Die Römer spielten für ihr Leben gern, so auch mit Nüssen. Schaffst du es, dass die Spitze des Dreiecks nach oben zeigt? Aufgepasst: Du darfst insgesamt nur drei Nüsse verschieben.

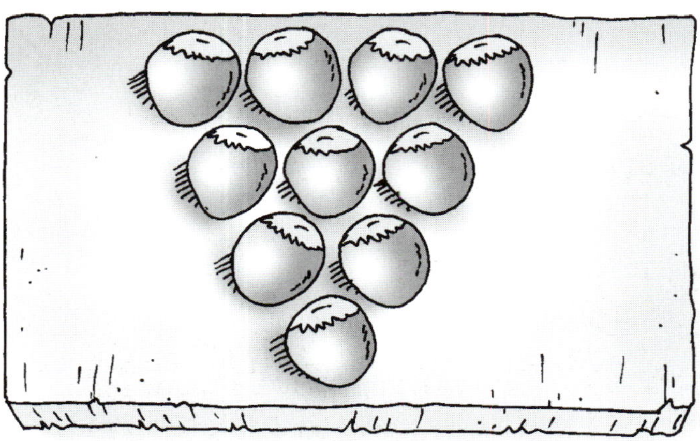

3 Um in ihren Bädern einen warmen Boden zu haben, kannten die Römer schon eine Fußbodenheizung. Weißt du, wie sie heißt? Entschlüssele die Geheimschrift.

8	25	16	15	11	1	21	19	20	5	14	1	14	12	1	7	5
H																

4 Mit welchen Kachelformen kannst du genau das Römerbad auslegen? Male sie an.

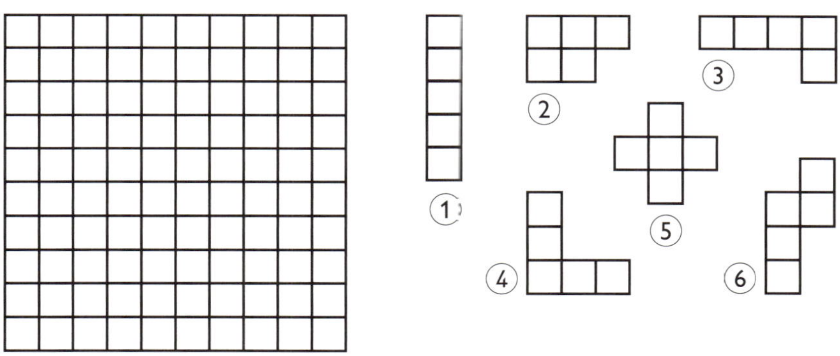

5 Wähle drei Bilder aus und denke dir einen lustigen Satz aus. Schreibe ihn in dein Heft. Fallen dir weitere Sätze dazu ein?

6 Römische Zahlen und Buchstaben

Wusstest du schon, dass …

… die Römer vor 2000 Jahren andere Zahlzeichen benutzten? Noch heute begegnen wir römischen Zahlen an vielen Gebäuden und Museen.

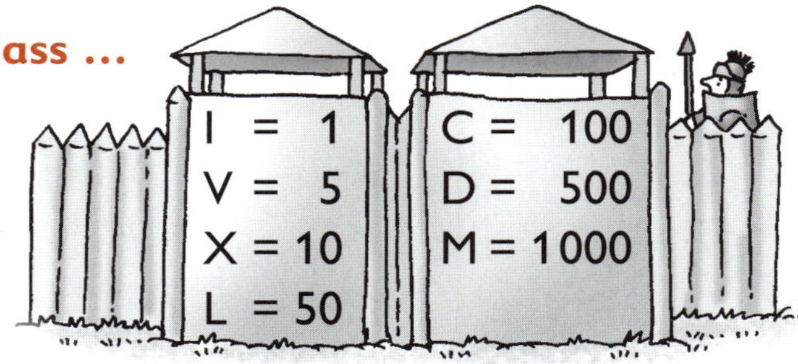

1 a) Wie heißen die Zahlen? *Tipp*: Wenn ein kleineres Zeichen vor einem größeren Zeichen steht, wird dieses abgezogen. Steht das kleinere Zeichen dahinter, wird es dazugezählt.

IV = 4 ______

CM = ______

CX = ______

XXIII = ______

b) Schreibe dein Geburtsjahr mit den römischen Zahlen. Aufgepasst: Die Tausender-, Hunderter-, Zehner- und Einerstellen werden einzeln dargestellt. Das Beispiel hilft dir.

1999 = M CM XC IX (1000 + 900 + 90 + 9)

____

2 Rechne und male das richtige Ergebnis an.

CM XC IX – DC LX VI =

CXI | CCXXII | CCCXXXIII

3 Lies den Text genau durch und decke ihn dann ab.

Manch einer denkt, dass Latein eine tote Sprache sei – das stimmt so aber nicht. Viele Wörter und auch einige Buchstaben der deutschen Sprache stammen aus dem Lateinischen. Noch heute werden in der katholischen Kirche, in der Medizin und Wissenschaft lateinische Ausdrücke verwendet. Mehrere Sprachen in Europa stammen vom Lateinischen ab: z. B. Spanisch, Französisch und Italienisch.

Stimmt es, dass …	Ja		Nein	
… wir Buchstaben der Römer verwenden?	☐	M	☐	T
… Latein heute nicht mehr gesprochen wird?	☐	I	☐	O
… in der Wissenschaft lateinische Wörter verwendet werden?	☐	L	☐	A
… es im Deutschen lateinische Wörter gibt?	☐	L	☐	S
… Latein eine tote Sprache ist?	☐	T	☐	E

Das Lösungswort verrät dir, wie die Zahl 1000 (M) in Latein heißt. ____________

4 Weißt du, wie das Papier der Römer genannt wird? Die Zahlen geben jeweils den gesuchten Buchstaben an.

1

5

2

1

2

11

5

Lösungswort: P____________

Die Baukunst der Römer

1 Über kilometerlange Wasserleitungen, sogenannte Aquädukte, wurde die Stadt Rom mit Wasser versorgt.
Welche zusammengesetzten Wörter fallen dir mit dem Wort auf der Brücke ein? Schreibe sie in die Rundbögen.

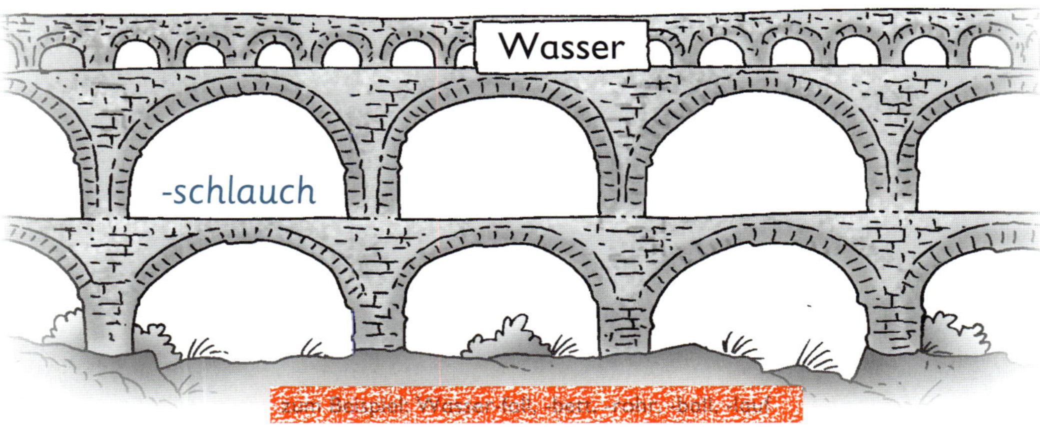

2 Der Römer darf nur Felder mit Zahlen betreten, die durch 12 oder 13 teilbar sind. Wie kommt er zum Brunnen?
Rechne aus und male die richtigen Wegsteine farbig an.

3 Mit Mosaiken verschönerten sich die Römer ihre Häuser.
Wie viele Quadrate kannst du in diesem Mosaik entdecken?

______ Quadrate

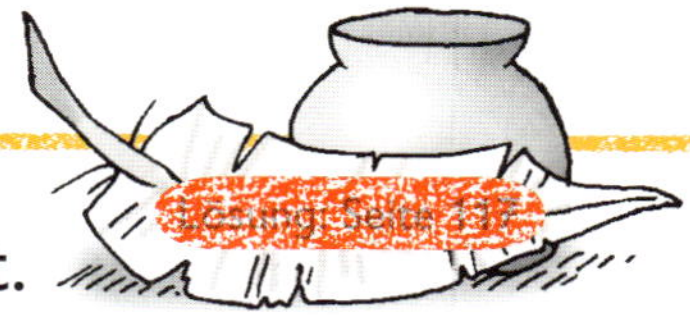

4 Setze das Blumenmosaik mithilfe eines Zirkels fort.

5 Das Kolosseum ist das größte Amphitheater im antiken Rom.
Es wurde für sportliche Wettkämpfe und Tierkämpfe genutzt.
Einige Steine sind aus den Mauern herausgebrochen.
Aus wie vielen kleinen Würfeln bestehen sie jeweils?

_____ Würfel

_____ Würfel

_____ Würfel

_____ Würfel

6 Versuche aus den Buchstaben des Wortes so viele neue Wörter wie möglich zu bilden. Du musst nicht alle Buchstaben verwenden.

Radio, ____________________

____

____

____

Mach mit!

► **Römische Mühle** (für 2 Spieler)
Schon zur Zeit der Römer war das Mühlespiel bekannt.
Man spielte es aber auf runden und nicht auf eckigen Feldern.

Jeder von euch bekommt drei Spielsteine einer Farbe. Zunächst werden die Steine abwechselnd gesetzt. Dann dürfen sie verschoben werden. Wer mit seinen drei Steinen als Erstes eine Linie bilden kann, hat eine Mühle und somit gewonnen.

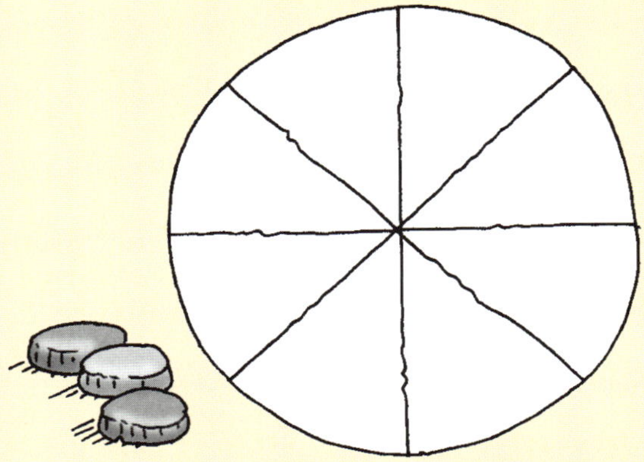

► Handeln war eine Spezialität der Römer.
Umso wichtiger war es deshalb für sie, gut abschätzen zu können, was Sache ist.
Wie viele Linsen siehst du im Glas?
Schätze erst, zähle dann genau nach.

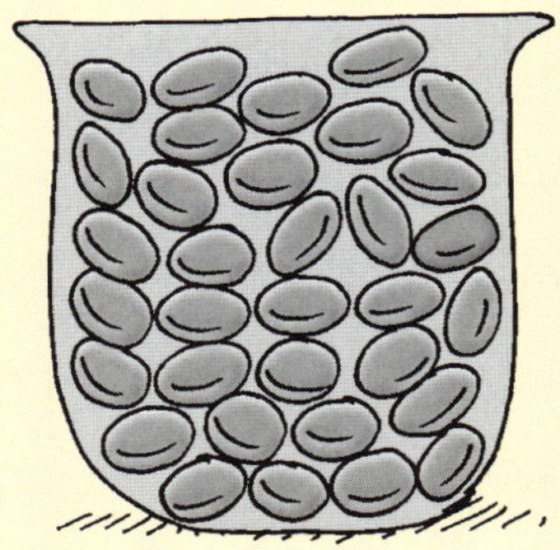

Lösung: ______ Linsen

► Die Römer benutzten Balkenwaagen, um Dinge abzuwiegen.
Sie kannten jedoch nur eine Gewichtseinheit: 1 libra = 350 g.

Wiege verschiedene Dinge (zum Beispiel Obst und Gemüse) mit einer Küchenwaage.
Runde geschickt und gib das Gewicht in libra an.

____

____

Die Nusspyramide

Spiele mit Nüssen waren bei römischen Kindern beliebt.
Du brauchst: vier Walnüsse (oder Kastanien, Steine ...).

Lege drei von den vier Nüssen wie ein Dreieck hin. Nimm die vierte Nuss und lasse sie von oben in die Mitte des Dreiecks fallen.

Schaffst du es, dass diese Nuss auf den anderen liegen bleibt und das Ganze wie eine Pyramide aussieht?
Tipp: Je größer die Höhe, aus der du die Nuss fallen lässt, desto schwieriger ist natürlich das Spiel. Probiere es aus.

Römermosaik

Hier kannst du selbst ein buntes Römermosaik herstellen.
Du brauchst: weißen Papierbogen, Schere, Klebstift, buntes Papier (z.B. von alten Prospekten und Zeitungen).

Zerreiße oder schneide das bunte Papier in kleine Stücke und sortiere diese nach Farben.

Beklebe den weißen Bogen Papier mit den bunten Papierstücken. Dazwischen darf ein kleiner weißer Rand zu sehen sein.
Welche Muster fallen dir ein?

Lösungen

Seite 76

3 fehlende Zahlen: 75, 92, 110, 129 (+ 12, dann + 13, dann + 14 …)

4

13	12	17	12
20	9	14	11
11	18	13	12
10	15	10	19

9	13	18	14
20	13	12	9
7	10	19	18
18	18	5	13

Seite 88

1 Die Seerose heißt auch Wasserrose oder Nymphaea.
Es handelt sich um eine Wasserpflanze mit einem kriechenden Wurzelstock. Seerosen haben Schwimmblätter, welche so groß wie ein Teller sind. Ihre schwimmenden Blüten sind rosenähnlich.
In Europa gibt es vorwiegend die „Weiße Seerose“ mit weißen Blüten.
Diese sind ca. 15 cm breit und vielblättrig.

Seite 92

1 a)

b) Kind 1 schüttelt Kind 2, 3, 4, 5, 6, 7, 8, 9, 10, 11, 12 die Hände – insgesamt also 11-mal.
Kind 2 schüttelt Kind 3, 4, 5, 6, 7, 8, 9, 10, 11, 12 die Hände – insgesamt also 10-mal.
(Kind 1 hat Kind 2 bereits die Hände gegeben, deshalb wird dies nicht mehr gezählt).
So geht es reihum weiter:
11 + 10 + 9 + 8 + 7 + 6 + 5 + 4 + 3 + 2 + 1 = 66.
Die Kinder schütteln sich 66-mal die Hände.

Seite 93

4

Seite 95

5 Lösungsmöglichkeit:

Seite 97

4

1	8	9	6	7	5	2	4	3
2	6	4	3	1	9	5	7	8
3	7	5	8	4	2	6	9	1
6	1	2	5	8	4	7	3	9
8	5	7	2	9	3	4	1	6
9	4	3	7	6	1	8	2	5
5	2	8	9	3	7	1	6	4
4	3	6	1	2	8	9	5	7
7	9	1	4	5	6	3	8	2

8	3	4	9	7	6	2	5	1
9	2	5	1	3	4	7	6	8
6	7	1	8	2	5	9	4	3
2	5	3	6	9	1	8	7	4
1	8	9	3	4	7	6	2	5
4	6	7	5	8	2	3	1	9
5	1	8	2	6	3	4	9	7
3	4	2	7	5	9	1	8	6
7	9	6	4	1	8	5	3	2

Seite 104

1 Lösungsmöglichkeit:

Seite 108

2

Seite 113

4 Zeichne zuerst einen Kreis. Wähle einen beliebigen Punkt auf der Kreislinie aus und setze deinen Zirkel mit gleichem Abstand an diesem Punkt an.
Zeichne einen Kreisbogen, bis dieser sich in zwei Punkten mit dem 1. Kreis schneidet. Diese zwei Schnittpunkte sind die Mittelpunkte von weiteren Kreisen. Auf diese Weise entsteht nach und nach dein Blumenmosaik.

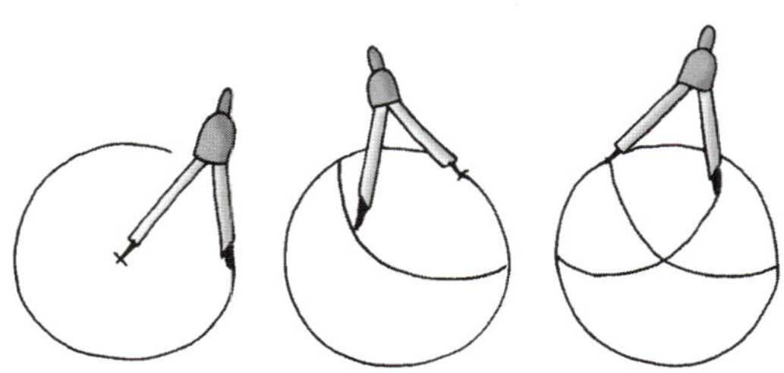

6 zum Beispiel: Tor, Tag, Rat, Rad, alt, rot, Dialog, Grad, Tal, dort, Dart

A Zum Knobel- und Forscherbuch

Bastle dir dein eigenes Knobel- und Forscherbuch.
Ob zu Hause oder unterwegs – im praktischen Hosentaschenformat hast du es überall griffbereit.

So geht's:

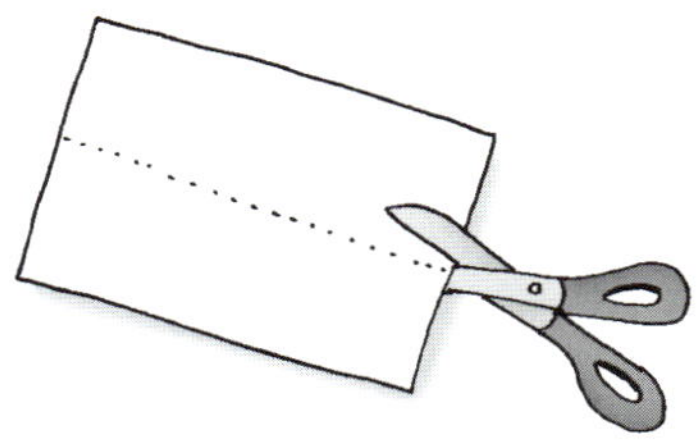

1. Schneide die folgenden Seiten entlang der gestrichelten Linien auseinander.

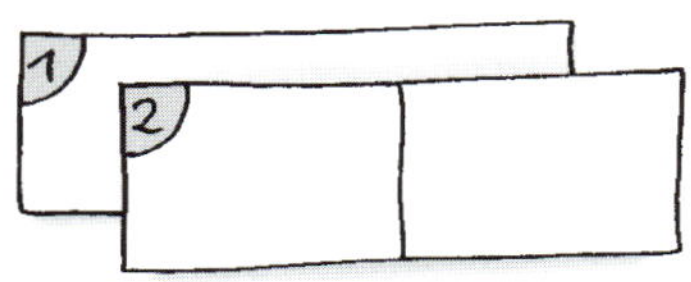

2. Ordne die Papierstreifen:
   Beginne mit Seite 1 und lege nacheinander Seite 2 bis 10 aufeinander.
   Achte auf die Zahlen links oben in der Ecke.

3. Lege die Streifen genau aufeinander und falte sie sorgfältig in der Mitte zusammen.

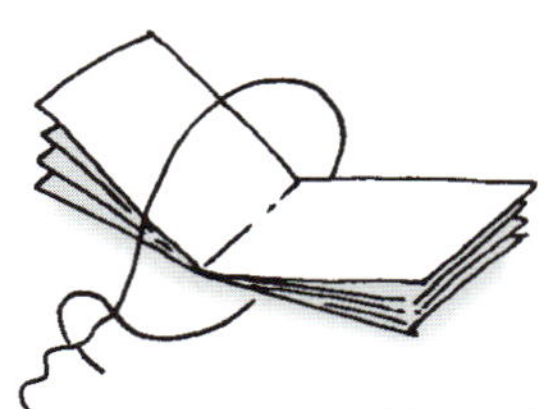

4. Nun musst du nur noch einen Bindfaden in den Knick in der Mitte legen und die Enden miteinander verknoten. Fertig!

Knobel- und Forscherbuch zu
Denk- und Knobelspaß, 3./4. Klasse

3./4. Klasse
Knobel- und Forscherbuch

Forscherauftrag 5: Rund um den Fußball

Schau dir einen Fußball genau an. Ist er wirklich rund? Aus wie vielen Fünf- und Sechsecken besteht er?

Fünfecken

Sechsecken

Streichholzrechnen

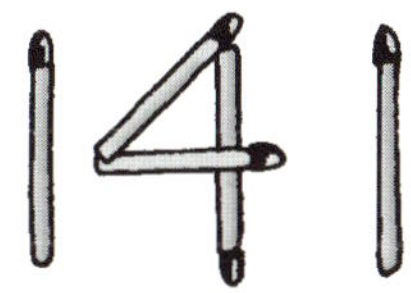

Lege nur zwei Streichhölzer um, sodass du die Zahl 12 erhältst.

Schattenbilder

Welcher Schatten passt zum Tintenfisch?
Kreise das passende Bild ein.

Forscherauftrag 6: Auf römischer Spurensuche

In vielen Städten haben die alten Römer bis heute ihre Spuren hinterlassen. Oft stammt sogar der Name der Stadt noch von den Römern.

Wo in deiner Umgebung stößt du auf die Römer?

____

____

Alles im Eimer?

Konfetti hat einen 5-Liter- und einen 3-Liter-Eimer. Überlege: Wie kann er damit genau 1 Liter Wasser abmessen?

Den 3-l-Eimer füllen und in den 5-l-Eimer füllen. Den 3-l-Eimer erneut füllen und Wasser bis zum Rand in den 5-l-Eimer füllen. Jetzt befindet sich im 3-l-Eimer nur noch 1 l Wasser.

Wie wohl das Wetter am nächsten Tag wird? Schau dir abends einmal die Wolken an und führe über mehrere Tage ein Wettertagebuch. Schreibe auf, was du beobachten kannst.

Datum	Wolkenform	Wetter

3

Schöne Ferien

Arne, Björn, Christoph und Daniel fahren mit unterschiedlichen Verkehrsmitteln in die Ferien:

1. Arne und der Junge, der mit dem Flugzeug verreist, machen nicht im Süden Urlaub.
2. Christoph verbringt seinen Urlaub in den Bergen. Genauso wie der Junge mit dem Fahrrad.
3. Björn nimmt zusammen mit seinen Eltern ein Taxi vom Bahnhof nach Hause.
4. Björn und Arne können noch kein Fahrrad fahren.

Forscherauftrag 3: Sprachenvielfalt

Baguette, Handy … – Schau dich genau um:
Du findest bestimmt noch mehr Fremdwörter, die wir heute wie selbstverständlich im Deutschen verwenden.

[illegible]

4

Städterätsel

Wenn Li aus Berlin auszieht, welche europäische Hauptstadt bleibt dann zurück?

Welche Städte haben sich versteckt?

APRIS, MRIDAD, MOR, DONLON

Forscherauftrag 1: Sternbilder

Beobachte in einer klaren Nacht den Sternenhimmel.
Welches der Sternbilder kannst du entdecken?
Kreuze an. Kennst du noch mehr Sternbilder?

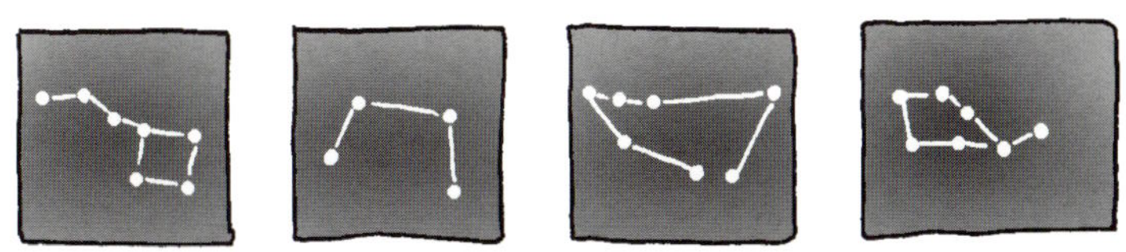

Großer Wagen — Waage — Steinbock — Bärenhüter

Forscherauftrag 4: Wolken beobachten

An der Form der Wolken kannst du das Wetter ablesen:

Feine, schleierartige Federwolken deuten auf gutes Wetter hin.

Blumenkohlartig gehäufte Haufenwolken kündigen Gewitter an. Lösen sie sich auf, bleibt das Wetter jedoch freundlich.

Dunkle Regenwolken halten die Sonne ab: Es kann Schauer oder Gewitter geben.

Die Kirchturmuhr

Eine Kirchturmuhr läutet jeweils zur vollen Stunde:
Wenn es 1 Uhr ist, schlägt sie einmal,
wenn es 2 Uhr ist, schlägt sie zweimal …

Wie viel Mal schlägt die Kirchturmuhr in 24 Stunden insgesamt?

_____ Mal

Forscherauftrag 2: Was blüht denn da?

Sammle auf deinen Spaziergängen verschiedene Blätter und presse sie in einem dicken Buch.

Klebe die gepressten Blätter jeweils auf ein weißes Blatt Papier.
Um welchen Baum handelt es sich?
Welche Besonderheiten hat er?

Schreibe deine Beobachtungen auf.
Ein Bestimmungsbuch hilft dir.

Wer fährt mit welchem Verkehrsmittel in den Urlaub?

Arne: ____________________

Björn: ____________________

Christoph: ____________________

Daniel: ____________________

5

Einc knifflige Flussüberquerung

Einst wollte ein Römer einen Kohlkopf, eine Ziege und einen Wolf über einen Fluss bringen. Sein Boot war aber so klein, dass er entweder nur den Kohlkopf oder nur die Ziege oder nur den Wolf hinüberfahren konnte.

Pauls Geburtstag

Wie alt sind Paul und seine Mutter?

Paul: ____ Jahre Mutter: ____ Jahre

6

Hölzchenspielerei

Lege aus 9 Streichhölzern 6 Quadrate.
Tipp: Du darfst dabei auch Streichhölzer quer übereinanderlegen.

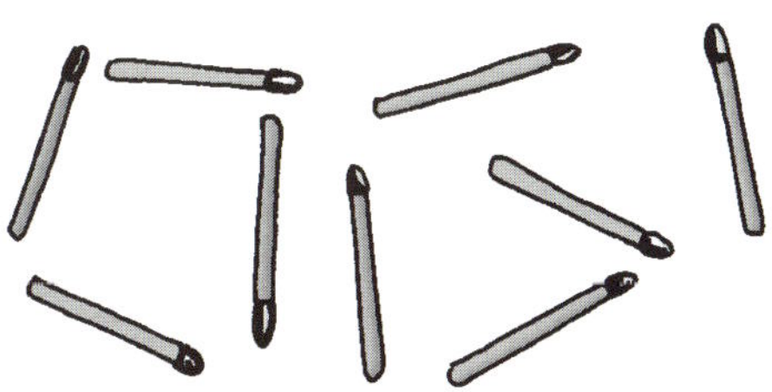

Streichholztrick

Lege zwei Streichhölzer so um, dass vier Quadrate übrig bleiben. Alle vier Quadrate müssen geschlossen und vollständig sein.

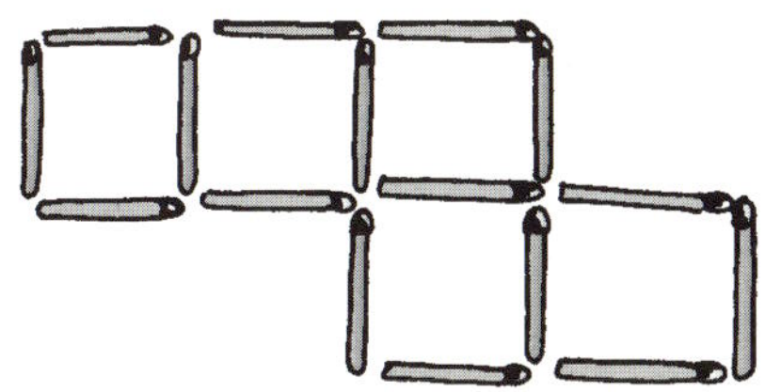

Silbentreppen

Bilde Wörter. Die letzte Silbe deines Wortes wird jeweils zur ersten deines neuen Wortes.

[redacted]

Der Turm von Hanoi

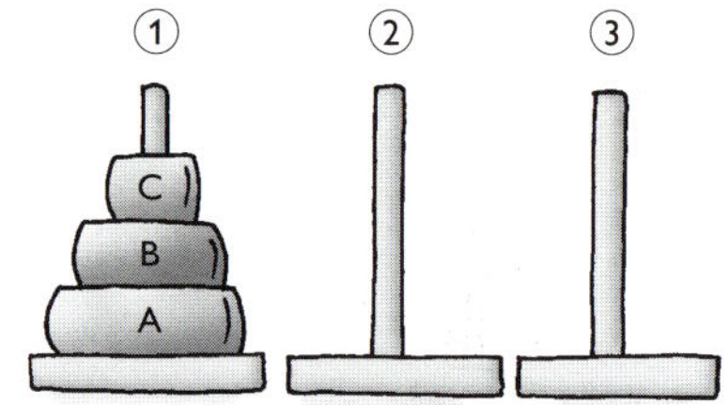

Ein Turm, bestehend aus drei Holzscheiben, soll auf einen anderen Stab gesteckt werden. Aufgepasst: Du darfst immer nur eine Holzscheibe umstecken. Es darf keine größere Scheibe auf einer kleineren liegen.

Wie viele Spielzüge brauchst du, bis der Turm auf dem zweiten Stab ist?

[redacted]

Rebus-Rätsel

Wie heißt das Lösungswort?

[redacted]

Wie schafft der Römer es, alle heil ans andere Ufer zu bringen? Wie viele Überfahrten sind notwendig?

[redacted]

7

Das richtige Pferd

Eines dieser fünf Pferde ist Penny. Nur welches?

Donner trägt einen Reiter. Strolch trägt einen Sattel. Koko ist weiß. Penny trägt kein Zaumzeug, dafür Filu.

Augenverwirrung

Schau genau:
Haben die beiden dicken Striche auf dem Bild den gleichen Abstand zueinander?

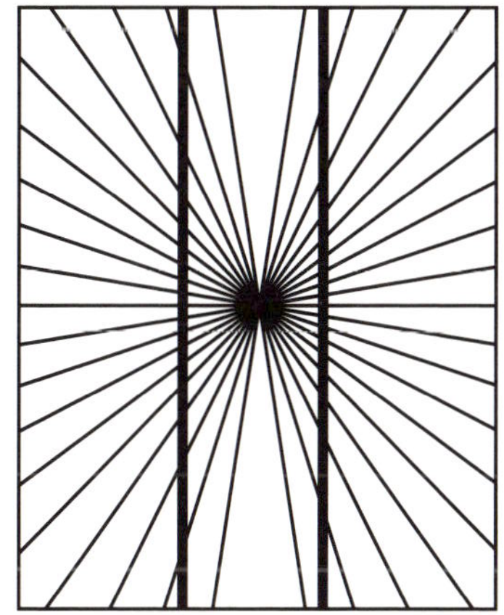

8

Fotocollage

Setze das Bild richtig zusammen. Bringe die Streifen von oben nach unten in die passende Reihenfolge.

Teekesselchen

Ein Teekesselchen ist ein Wort, das mehrere Bedeutungen hat.
Beispiel: Hahn

Welche Teekesselwörter sind hier gemeint?

1. Es liegt im Herbst auf der Straße.
   Du brauchst es beim Schreiben. ____________
2. Der Hase hört damit.
   Du brauchst es beim Essen. ____________

Das magische Quadrat

Bei diesem Kreuzworträtsel musst du senkrecht (↓) und waagrecht (→) immer das gleiche Wort eintragen.
Tipp: Das ä wird zu ae.

1. Blätter eines Baums
2. Mädchenname
3. Krötenart
4. Großes Raubtier

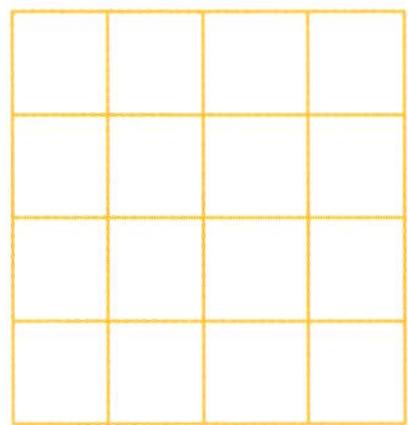

Der alte Nussbaum

Ein alter Nussbaum hat 5 dicke Äste.
Jeder der Äste hat 5 dicke Zweige.
Jeder der 5 dicken Zweige hat 5 dünne Zweige.
An jedem dünnen Zweig hängen 5 Nüsse.
Wie viele Nüsse hängen am Baum?

Nüsse

Äpfel und Bananen

Konfetti hat eine Kiste mit Äpfeln und eine Kiste mit Bananen. In beiden Kisten sind zusammen 54 Früchte. Es gibt doppelt so viele Bananen wie Äpfel.
Wie viele Bananen und wie viele Äpfel hat Konfetti?

Bananen

Äpfel

Der verflixte Würfel

Nur einer der drei aufgeklappten Würfel ergibt Konfettis Würfelbild.
Schau genau und kreuze an.

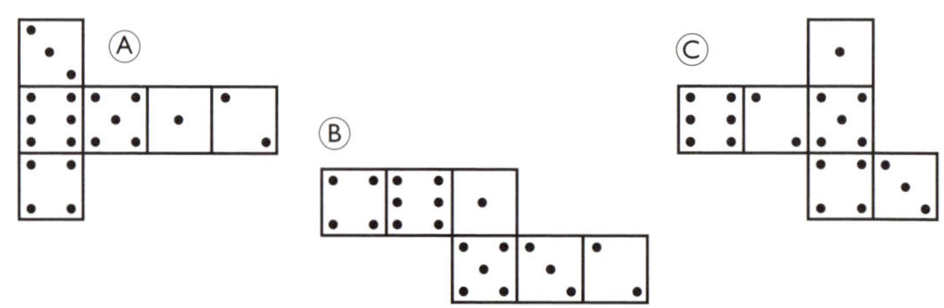

9

Buchstabenketten

Diese Sätze kannst du vorwärts und rückwärts lesen.
Ergänze jeweils das letzte Wort.

EINE TREUE FAMILIE BEI LIMA FEUERTE ________.

TRUG TIM EINE SO HELLE HOSE NIE MIT ________?

BEI LIESE SEI ________!

Um die Ecke gedacht

Du kannst sie fühlen,
aber nicht sehen.
Ohne sie könntest
du nicht leben.

____

Er hat vier Beine
und kann nicht gehen.
Er muss immer auf
allen vieren stehen.

____

Denke dir noch mehr solcher Rätsel aus.

10

Weitwurf-Wettbewerb

1. Erik wirft am kürzesten.
2. Uli wirft am weitesten.
3. Kim wirft weiter als Uwe.
4. Nils wirft weiter als Daniel.
5. Der Wurf von Rike liegt zwischen dem Wurf von Kim und Uli.
6. Der Wurf von Nils liegt zwischen dem Wurf von Daniel und Uwe.

Welches Kind hat beim Weitwurf gewonnen?
Schreibe die Namen in der richtigen Reihenfolge auf.

1. Platz: ________
2. Platz: ________
3. Platz: ________
4. Platz: ________
5. Platz: ________
6. Platz: ________
7. Platz: ________

Der Slalomlauf

Für einen Slalomlauf werden 100 Stangen in regelmäßigem Abstand vom Start bis zum Ziel aufgestellt. Von der ersten bis zur **99.** Stange sind es 490 m. Wie viele m liegen zwischen der ersten und letzten Stange?

Zaubergoldstücke

Ein Zauberer hat einen Sack mit ein paar Goldstücken verzaubert.

In jeder Minute verdoppeln sich die Goldstücke im Sack. Nach einer halben Stunde ist der Sack voll. Nach wie vielen Minuten ist er halb voll?

Haufenweise Knochen

Wie viele Knochen hat Konfetti gesammelt? Schätze zunächst. Zähle dann genau nach.

Geschätzt: ________ Gezählt: ________

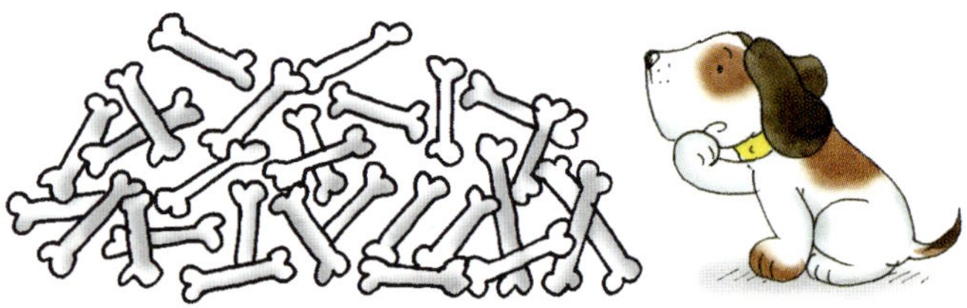

Optische Täuschung

Welcher innere Kreis ist größer?

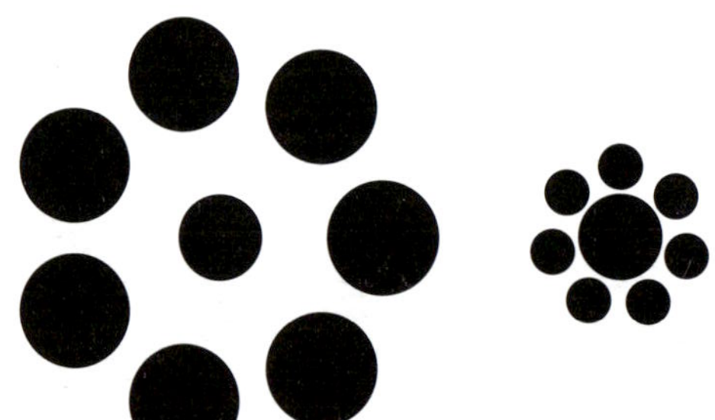